Plantes Phanérogames

DES ENVIRONS

DE FRÉJUS.

BRIGNOLES, IMPRIM. DE PERREYMOND-DUFORT

PLANTES

PHANÉROGAMES

QUI CROISSENT

AUX ENVIRONS DE FRÉJUS,

AVEC LEUR HABITAT ET L'ÉPOQUE DE LEUR FLEURAISON.

PARIS,

F.-G. LEVRAULT, LIBRAIRE,

Rue de la Harpe, N° 81.

FRÉJUS,

ARAGON PÈRE, LIBRAIRE

1855.

LES Plantes Phanérogames des environs de Fréjus
ont été, depuis le moment où je me suis livré à
l'étude de la botanique, l'objet constant de mes
recherches. J'en publie aujourd'hui l'énumération,
avec leur habitat et l'époque de leur fleuraison.

Les limites de mes excursions sont celles du
canton de Fréjus : j'y comprends le territoire des
Adreths jusqu'au torrent de Biauson, et la partie de celui de Ste-Maxime, au sud de la route
de Fréjus à cette commune, jusqu'à l'extrémité

de la plage de la Garonnette. Malgré les nom-
breuses herborisations que j'ai faites pour con-
stater les espèces qui croissent dans cette étendue
de pays *, je ne puis me flatter de les avoir toutes
énumérées.

Le but de cet ouvrage étant de guider le Bota-
niste dans ses explorations et de lui éviter des
courses longues, pénibles et souvent infructueuses,
je donne, pour les espèces les moins répandues,
l'indication exacte des lieux où elles croissent,
et seulement des stations générales pour les espèces
communes. Il devra parcourir de préférence les
coteaux du Gondin et de St-Raphaël, les montagnes au sud-ouest de Fréjus, celles de l'Esterel, et particulièrement la partie appelée Malpey
(*mauvais pays*); le résultat de ses herborisations,
dans ces vastes localités, enrichira, probablement
encore, la Flore de France d'espèces rares ou
nouvelles qui ont pu échapper à mes recherches.

Des guides sûrs sont indispensables dans nos
montagnes.

J'ai suivi la nomenclature du Botanicon Gallicum de M. Duby et je m'en suis rarement écarté.

---

* Environ 50,000 hectares.

MM. Loiseleur-Deslongchamps et Gay ont se-
condé mes efforts et ont contribué à donner à
mon ouvrage un degré d'authenticité que difficile-
ment j'aurais pu atteindre, s'ils ne m'eussent com-
muniqué avec bienveillance leurs observations sur
les espèces douteuses que je leur ai adressées. Il
m'est doux de m'acquitter envers eux du juste
tribut de reconnaissance que je leur dois.

Je mets sous les yeux des Botanistes le tableau
de la végétation des environs de Fréjus : il est le
fruit de plusieurs années d'observations et de
courses répétées dans toutes les saisons. Heureux
si j'ai atteint le but que je me suis proposé, celui
d'être utile à ceux que l'amour de la science amè-
nera dans nos contrées.

Perreymond.

Fréjus, le 1er Septembre 1833.

Plantes

PHANÉROGAMES

QUI CROISSENT AUX ENVIRONS

DE FRÉJUS,

AVEC LEUR HABITAT ET L'ÉPOQUE DE LEUR FLEURAISON.

ACANTHUS

MOLLIS. L.—Dans les haies et le long des murs antiques, à la *Plate-Forme*, au *Cirque*; juin.

ACER

CAMPESTRE. L. — Vallée du *Reyran*; avril, mai.

ACHILLEA

AGERATUM. L. — Au bord des chemins, à *Ste-Magdelaine*, au *Gondin*; juillet.

MILLEFOLIUM. L. — Prairies; mai, juin.

SETACEA. Waldst. et Kit. — Lisières des champs, au *Bouisset*, à la *Garonnette*; juin, juillet.

TOMENTOSA. L. — Lieux incultes, à *Bagnols*; juin.

ADIANTHUM

CAPILLUS-VENERIS. L — Au bord des sources, *Esterel*, *Malpey*; juin.

ADONIS

AUTUMNALIS. L. — Terres cultivées, à *Roquebrune*, à la *Napoule* ; mai à octobre.

ÆGILOPS

OVATA. L. — Lieux incultes ; mai, juin.

TRIUNCIALIS. L. — Lieux incultes ; mai, juin.

ÆTHIONEMA

SAXATILE. Brow. — Coteaux pierreux, à *Bagnols* ; mai, juin.

AGAVE

AMERICANA. L. — Le long de la route de *Fréjus* à *Ste-Maxime* ; sur les rochers de la *Ste-Baume du Cap Roux* ; juillet.

AGRIMONIA

EUPATORIA. L. — Le long des chemins et des haies ; juin.

AGROSTIS

ALBA. L. — Coteaux et bois ; juin.

CANINA. L. — Le long de la grande route, avant le torrent du *Riou* ; juin.

ELEGANS. Lois. — Parmi les cistes et les bruyères, aux *Cadés de M. Anthelmi* ; juin.

EXILIS. Lois. Nou. Not. 7. — Forêt de l'*Esterel* ; juin, juillet. (Loiseleur).

MARITIMA. Lam. — A l'*Estel*, aux *Sclamandres* ; juin, juillet.

PALLIDA. Dec. — Lieux humides, parmi les cistes et les bruyères, à *Flanduar*, à *Gondin* ; juin

STOLONIFERA. L. — Lieux humides ; juin.

VULGARIS. Hoff. — Coteaux et bois ; juin.

AIRA

ARTICULATA. Desf. — Sables maritimes et sur les coteaux ;
juin.

CAPILLARIS. Host. — Lois. Flo. gal. II. I. p. 58. — Coteaux
et bois, à St-Raphaël, à Gourdin, à Roquebrune ;
mai, juin.

CARIOPHYLLEA. L. — Terres sablonneuses ; avril, mai.

CÆSPITOSA. L. — Lieux humides, Esterel, Malpey ;
juin, juillet.

FLEXUOSA. L. — Esterel, le long de la grande route ; juin.

AIROPSIS

GLOBOSA. Desv. — Parmi les cistes et les bruyères, au
Cadès de M. Antheimi, à Vallescure ; mai, juin.

AJUGA

CHAMÆPITYS. Schreb. — Terres légères ; avril, mai.

IVA. Schreb. — Lieux arides, Vallescure, Vernède,
St-Raphaël ; juin.

REPTANS. L. — Prairies ; avril, mai.

ALCHIMILLA

ARVENSIS. Scop. — Champs cultivés ; mai, juin.

ALISMA

PLANTAGO. L. — Dans les fossés aquatiques ; juin, juillet.

RANUNCULOIDES. L. — Au bord des mares et des marais ;
mai, juin.

ALLIARIA

OFFICINALIS. Andr. — Dans les haies ; avril, mai.

ALLIUM *

AMPELOPRASUM. L. — Sables maritimes ; juin.

---

* A. ACUTIFLORUM. Lois. Fl. gal. II. I. p. 242. Au Cap de la
Croisette et sur les rochers de l'île St-Honorat, près Cannes : juin.

INTERMEDIUM. Dec. — Dans les vignes ; juillet , août.

PANICULATUM. L. ? All. Flo. ped. n° 25. ic. *Allium fla-vum , var. purpureum. Mert. et Koch. Deutschl. fl.—* Sur les rochers de la *Ste-Baume du Cap Roux ;* sept.

ROSEUM. L. — Au bord des champs ; mai.

SICULUM. Ucria. — A. caule elato tereti basi foliato , foliis lanceolato-loriformibus longissimis , spathâ subnullâ , umbellæ radiis inæqualibus erectis , corollæ campanu-latæ petalis exterioribus latioribus acutis , staminibus inclusis. Spreng. Syst. Veget. 11. p. 36.

Bulbe blanche, arrondie : hampe cylindrique , haute de 7-10 décim. garnie dans le bas d'une feuille engainante : feuilles lancé-olées , à trois angles, de moitié plus courtes que la hampe ; spathe caduque : ombelle capsulifère, composée de 10-30 fleurs de la grosseur d'un dé à coudre , pendantes au moment de la fleuraison , rougeâtres ou d'un blanc sale sur quelques individus ; segmens extérieurs du périgone , oblongs, mucronés ; les intérieurs échan-crés à leur base ; étamines à filets simples , plus courtes que le pé-rigone. = J'ai trouvé cette belle espèce dans le *Malper* , sur le versant nord-ouest de la *Suvièro ;* elle fleurit à la mi-mai.

SPHÆROCEPHALUM. L. — Sables maritimes ; juin.

TRIQUETRUM. L. — Le long des fossés , à *St-Pierre* , à la *Tourrache* , à la *Napoule ;* avril , mai.

VINEALE. L. — Dans les vignes ; juin.

ALNUS

GLUTINOSA. Gærtn. — Au bord des eaux ; février , mars.

ALOPECURUS

AGRESTIS. L. — Dans les champs et les vignes ; mai.

BULBOSUS. L.—Prairies et pâturages maritimes ; mai , juin.

GENICULATUS. L. — Dans les fossés , aux *Gaudines* ; mai , juin.

PRATENSIS. L. — Prairies de l'*Esterel ;* juin.

ALTHÆA

CANNABINA. L. — Au bord des champs et dans les haies ; juillet.

HIRSUTA. L. — Terres cultivées , aux *Caux* ; sur les coteaux , à *Roquebrune* ; mai , juin.

OFFICINALIS. L. — Au bord des fossés et dans les pâturages maritimes ; juin à août.

ALYSSUM

CALYCINUM. L. — Terres sablonneuses ; avril, mai.

MARITIMUM. Lam. — Dans les vignes ; fleurit toute l'année.

AMARANTHUS

ALBUS. L. — Au bord des champs et dans les vignes ; juillet à octobre.

BLITUM. L. — Dans les jardins ; juin , juillet.

PROSTRATUS. Balb. — Le long des murs , au *Pati* ; juillet , août.

RETROFLEXUS. L. — Parmi les décombres , à la *Porte-Dorée* ; ancien canal du *Reyran* ; juillet , août.

SYLVESTRIS. Desf. — Jardins et lieux cultivés ; juin , juillet.

AMELANCHIER

VULGARIS. Mœnch. — Dans les bois : avril.

AMMI

MAJUS. L. — Commun ; juin , juillet.

VISNAGA. Lam. — Aux *Gaudines* ; juillet.

AMYGDALUS

COMMUNIS. L. — Sur les murs antiques , au *Cirque* , à la *Plate-Forme* ; janvier , février.

ANACYCLUS

RADIATUS. Lois. — Au bord des champs , à *Ste-Magdelaine* , à *St-Raphaël* ; mai , juin.

ANAGALLIS

ARVENSIS. L. — Commun ; mai , juin.

TENELLA. L. — Auprès des sources , *Esterel* , *Louverie* , mai , juin.

ANCHUSA

ITALICA. Retz. — Vulgaire : mai , juin.

ANDROPOGON

DISTACHYON. L. — Endroits pierreux , *Belle-Vue* , *Planduar* ; mai , juin.

GRYLLUS. L. — Parmi les bruyères et dans les bois , *Valescure* , *Gaudin* , *Colle-Rousse* ; juin.

HIRTUM. L. — Endroits pierreux , à *Belle-Vue* ; le long de la côte , à *Aigue-Bonne* ; mai , juin.

ISCHEMUM. L. — Commun ; juin.

ANDROSÆMUM

OFFICINALE. All. — *Esterel* , à la *Fons de l'Avellan* ; juin.

ANDRYALA

INTEGRIFOLIA. L. — Coteaux ; juin.

SINUATA. L. — Dans les vignes ; juin.

ANEMONE

CORONARIA. L. — A *Bagnols* , sous les oliviers ; mars , avril.

PAVONINA. L. — A *Planduar* , à *Raton* ; avril.

STELLATA. Lam. — Dans les bois , parmi les bruyères ; mars , avril.

ANTHEMIS

ALTISSIMA. L. — Au bord des champs , *Ste-Magdelaine* , *St-Lambert* ; juin.

ARVENSIS. L. — Vulgaire , mai , juin.

Cotula. L. — *Palud*, *Estel*. *Selamandres*; juin, juillet.

Incrassata. Lois. — Terres sablonneuses, *Planduer Gargalon*, *Gonlin*; mai, juin.

Mixta. L. — Au bord des champs, *Sainte-Magdelaine*, *St-Lambert*; juin.

Montana. L. — Montée de l'*Esterel*; hauteurs de *Villepey*; à *Roquebrune*, au chemin des *Eaters*; juin.

ANTHOXANTHUM

Odoratum. L. — Prairies; très-précoce.

ANTHRISCUS

Sylvestris. Hoffm. — *Esterel*, au *Caucalis*; mai, juin.

ANTHYLLIS

Barba-Jovis. L. — Le long de la côte, de *St-Raphaël* à la *Napoule*; sur les rochers des *Lions*; mai, juin.

Gerardi. L. — Le long du chemin du *Gonda*, avant le *Pé-dé-Gaou*; juin.

Tetraphylla. L. — Terres sablonneuses, à la *Plaueude*, à la *Ferrière*; mai.

Vulneraria. L. — A *Bagnols*, lisières des bois; juin.

ANTIRRHINUM

Majus. L. — Sur les vieux murs; avril, mai.

    var. *latifolium*. — Parmi les pierres mouvantes, dans le *Malpey*, au *Pertuis*; mai.

Orontium. L. — Dans les vignes; mai à août.

APHYLLANTHES

Monspeliensis. L. — Coteaux pierreux, au *Blap*, à *Bagnols*; mai, juin.

APIUM

Graveolens. L. — Au bord des fossés et des marécages; juin.

ARABIS

ʜɪʀsᴜᴛᴀ. Dec. — Sur les rochers, *Esterel*, *Malpey* ; mai , juin.

sᴀɢɪᴛᴛᴀᴛᴀ. Dec. — Le long des haies ; mai.

ᴛʜᴀʟɪᴀɴᴀ. L. — Vulgaire ; mars , avril.

ARBUTUS

ᴜɴᴇᴅᴏ. L. — Dans les bois ; septembre , octobre.

ARENARIA

ᴍᴇᴅɪᴀ.L. — Pâturages maritimes , *Grand-Escars* , *Scla mandres* ; tout l'été.

ʀᴜʙʀᴀ. L.

    var. campestris. L. — Terres sablonneuses ; mai , juin.

    var. marina. L. — Sables maritimes ; mai , juin.

sᴇʀᴘʏʟʟɪꜰᴏʟɪᴀ. L. — Terres légères ; mai.

ᴛᴇɴᴜɪꜰᴏʟɪᴀ. L. — Lieux sablonneux et sur les murs ; mai.

    var. viscidula. Dec. — Coteaux du *Gondin* ; mai.

ARISTOLOCHIA

ᴄʟᴇᴍᴀᴛɪᴛɪs. L. — Le long des haies et dans les planta- tions de roseaux ; mai , juin.

ʟᴏɴɢᴀ. L. — Dans les vignes ; mai.

ᴘɪsᴛᴏʟᴏᴄʜɪᴀ. L. — Le long des haies ; mai.

ʀᴏᴛᴜɴᴅᴀ. L. — Lieux incultes pierreux ; avril , mai.

ARTEMISIA

ᴀʙsɪɴᴛʜɪᴜᴍ. L. — Coteaux pierreux , à *Bagnols* , *Saint- Daumas* ; sur les vieux murs, à *Fréjus* ; juin , juillet.

ᴄᴀᴍᴘᴇsᴛʀɪs. L. — Sables maritimes ; juin , juillet.

ᴍᴀʀɪᴛɪᴍᴀ. L. — *Grand-Escars* , *Sclamandres* . *Ville- pey* ; juillet à octobre.

ᴠᴜʟɢᴀʀɪs. L. — Dans les haies ; le long du *Reyran* ; juin . juillet.

ARUM

Arisarum. L. — Parmi les pierres et sur les rochers, à *Vallescure*, la *Vernède* ; le long de la côte, au *Dar-mont* ; printems et automne.

Italicum. Mill. — *Esterel*, *Malpey* ; mai.

vulgare. Lam. — Commun ; mai.

ARUNDO

Donax. L. — Le long du *Reyran* ; automne.

Phragmites. L. — Vulgaire ; juin, juillet.

Mauritanica. Desf. — *Calamagrostis donaciformis*. Lois. Flo. gal. ii. i. p. 53. — Lieux secs, à *Raton*, à la *Garonnette*, au *Castellas*, à *St-Lambert* ; septembre, octobre.

ASPARAGUS

acutifolius. L. — Dans les haies ; août, septembre.

officinalis. L.

  var. marinus. — Sables maritimes, *Grand-Escars*, *Sclamandres* ; août, septembre.

ASPERULA

arvensis. L. — Vulgaire ; mai.

cynanchica. L. — Coteaux et sables maritimes ; juin, juillet.

ASPHODELUS

fistulosus. L. — Sables maritimes, *Estel*, *Sclaman-dres* ; avril, mai.

microcarpus. Viv. — Sables maritimes, *Estel*, *Scla-mandres*, *Agay* ; avril, mai.

ramosus. Willd. — Dans toute la chaîne de l'*Esterel* ; mai.

ASPLENIUM

Adianthum-nigrum. L. — Haies et bois ; juin.

LANCEOLATUM. Smith. — Dans les fentes d'un rocher, au bord de la rivière d'*Agay* , au nord de la ferme de *Granouiller* ; juin. Peu abondant.

RUTA-MURARIA. L. — Fente des rochers, *Esterel* , *Malpey* ; juin.

TRICHOMANES. L. — Dans les haies, sur les vieux murs et les rochers ; toute l'année.

ASTER

ACRIS. L. — Lieux arides ; septembre , octobre.

TRIPOLIUM. L. — Au bord des marais, *Congourdier* , *Grand-Escars* , *Villepey* ; septembre , octobre.

ASTEROLINUM

STELLATUM. Link et Hoffm. — Sous les cistes et les bruyères ; très-précoce.

ASTRAGALUS

GLYCYPHYLLOS. L. — Dans les haies du *Reyran* ; mai, juin.

HAMOSUS. L. — Coteaux , au *Colombier* , *Gondin* , *Saint-Raphaël* ; mai.

MONSPESSULANUS. L. — Coteaux et bois ; mai , juin.

PURPUREUS. Lam. — Lisières des bois , à *Bagnols ;* mai , juin.

ASTROLOBIUM

EBRACTEATUM. Dec. — Le long de la côte ; sur les coteaux , au *Colombier* , à *Gondin* ; mai.

SCORPIOIDES. Dec. — Dans les vignes ; mai.

ATHYRIUM

FILIX-FEMINA. Roth.— *Esterel*, au *Caucadis ;* juin , juillet.

ATRIPLEX

ANGUSTIFOLIA. Smith. — Dans les vignes et les chaumes: juillet à septembre.

HALIMUS. **L.** — Aux *Sclamandres* , le long du canal ;
juillet , août.

HASTATA. **L.** — Le long des haies ; juillet , août.

LACINIATA. **L.** — *Grand-Escars* , *Villepey* , *Palud de
Saint-Raphaël* , juillet , août.

PATULA. **L.** — Aux *Arènes* ; juillet , août.

PORTULACOIDES. **L.** — Au bord des marécages , *Grand-
Escars* , *Villepey* ; sur les rochers des *Lions* ; juin .
juillet.

AVENA

BROMOIDES. **L.** — Dans les buissons , le long des chemins
et sur les coteaux ; juin.

ELATIOR. **L.** — Vulgaire ; mai.
var. bulbosa. Willd. — Prairies du *Reyran* ; mai.

FATUA. **L.** — Vulgaire ; mai.

FLAVESCENS. **L.** — Le long des haies et dans les bois ; juin.

FRAGILIS. **L.** — Terres sablonneuses ; mai , juin.

LANATA. Kœl. — Prairies ; mai , juin.

MOLLIS. Kœl. — Prairies ; mai , juin.

PRATENSIS. **L.** — Sables maritimes et coteaux ; juin.

PUBESCENS. **L.** — Au bord des champs ; mai , juin.

STERILIS. **L.** — Dans les vignes ; mai , juin.

BALLOTA

FŒTIDA. Lam. — Vulgaire ; juin.

BALSAMITA

ANNUA. Dec. — Terres sablonneuses , à la *Napoule* :
automne.

BARBAREA

PRÆCOX. Brow. — Endroits humides sur les coteaux du *Castellas*, du *Gondin*, de *Saint-Raphaël* ; avril.

BARKHAUSIA

FÆTIDA. Dec. — Vulgaire ; juin.

TARAXACIFOLIA. Dec. — Au bord des champs et dans les prairies ; avril , mai.

BARTSIA

PURPUREA. Duby. — Sur les pelouses et les pauvadours , aux *Evêques* ; mars, avril.

TRIXAGO. L. — Le long de *Vaulongue* ; mai , juin.

VERSICOLOR. Dec. — Au bord des champs , *Grand-Gondin* ; mai, juin.

VISCOSA. L. — Lieux humides , *Gondin* , *Vallescure* , la *Vernède* ; mai , juin.

BELLIS

ANNUA. L. — Coteaux , parmi les cistes et les bruyères ; mars , avril.

PERENNIS. L. — Vulgaire ; printems.

SYLVESTRIS. Cyr. — Bois et pauvadours ; automne.

BETA

MARITIMA. L. — Sables maritimes ; juin , juillet.

BETONICA

OFFICINALIS. L. — Dans les bois ; juin.

BIFORA

TESTICULATA. Spreng. — Dans les moissons , au *Gondin* ; coteaux cultivés, *Saint-Raphaël* ; mai , juin.

BISCUTELLA

AMBIGUA. Dec. — Endroits pierreux , *Roquebrune* , *Esterel* , *Malpey* ; mai.

HISPIDA. Dec. — Montagne de *Roquebrune*, dans les bois taillis ; mai , juin.

BISERRULA

PELECINUS. L. — Terres sablonneuses , *Colombier* , *Belle Vue* , *Castellas* , *Gondin* ; mai.

BLECHNUM

SPICANT. Smith. — A la *Napoule* , dans le vallon de la *Grande-Bague* et le long de la côte en allant de *Théoule* au poste de la douane ; juin , juillet.

BORRAGO

OFFICINALIS. L. — Vulgaire ; avril à juin.

BRIZA

MAXIMA. L. — Le long des chemins et dans les vignes ; mai , juin.

MEDIA. L. — Coteaux sablonneux ; mai , juin.

MINOR. L. — Lieux humides , parmi les cistes et les bruyères ; mai , juin.

BROMUS

ARVENSIS. L. — Terres cultivées ; juin.

ASPER. L. — Forêt de l'*Esterel* ; juin.

DIVARICATUS. Rhod. — Sur les coteaux , *Saint-Raphaël* , *Gondin* ; mai , juin.

ERECTUS. Huds. — Au bord des champs et dans les prairies ; mai , juin.

MADRITENSIS. L.

var. maximus. — Sables maritimes ; mai.

MOLLIS. L. — Commun ; mai , juin.

PRATENSIS. Ehr. — Prairies ; mai , juin.

REQUIENI. Lois. — A *St-Raphaël* , à l'est de la fabrique de soude ; mai , juin.

RUBENS. L. — Sur les murs, à *Fréjus* ; dans les terres sablonneuses, le long du *Petit-Argens* : mai.

SECALINUS. L. — Pâturages maritimes ; juin.

SQUARROSUS. L. — Sur les coteaux, à *St-Aigou* : hauteurs de *Villepey* ; juin.

STERILIS. L. — Commun ; mai, juin.

TECTORUM. L. — Commun ; mai, juin.

BRUNELLA

HYSSOPIFOLIA. Lam. — Lieux incultes ; juin, juillet.

LACINIATA. Lam. — Sur les coteaux ; juin, juillet.

VULGARIS. Mœnch. — Prairies ; mai, juin.

BRYONIA

DIOICA. Jacq. — Dans les haies du *Reyran* ; mai.

BUFFONIA

PERENNIS. Pour. — Sur les rochers, *Colle-de-Grane*, *Colle-Rousse*, à l'*Apié-dé-Noustré-Seigné*, *Malpey* ; tout l'été.

BULLIARDA

VAILLANTII. Dec. — Le long du chemin du *Puget* à la *Bouverie*, dans les endroits où l'eau a séjourné pendant l'hiver ; avril, mai.

BUNIAS

ERUCAGO. L. — Vulgaire ; mai.

BUPHTHALMUM

AQUATICUM. L. — Au *Gondin*, dans les terres inondées l'hiver ; juin, juillet.

SPINOSUM. L. — Au bord des champs ; juin, juillet.

BUPLEVRUM

GERARDI. Mur. — Terres sablonneuses, à *Sainte-Magdelaine* ; mai.

Junceum. L. — Lieux arides , *Belle-Vue* , *Colle-Rousse* :
tout l'été.

Odontites. L. — Coteaux secs , à *Bagnols* ; juin.

Rotundifolium. L. — Dans les vignes ; mai.

Tenuissimum. L. — Au bord des champs ; tout l'été.

BUTOMUS

Umbellatus. L. — Au *Cougourdier* , dans la *Grande-
Garonne* et à la *Palud* ; juin , juillet.

BUXUS

Sempervirens. L. — A *Bagnols* , sur les coteaux ; mars ,
avril.

CAKILE

Maritima. Scop. — Sables maritimes ; juin.

CALAMAGROSTIS

Arenaria. Roth. — Sables maritimes ; juin.

Epigeios. Roth. — Le long des fossés , à *Valescure* , aux
Horts ; juin.

CALENDULA

Arvensis. L. — Vulgaire ; toute l'année.

CALEPINA

Corvini. Desv. — Le long des prairies et dans les terres
humides ; mai.

CALLITRICHE

Autumnalis. L. — Fossés et mares ; mars à septembre.

Pedunculata. Dec. — Dans une mare , à la *Peguière* ; mai.

Verna. L. — Très-abondant dans les fossés ; mars à sept.

CALLUNA

ERICA. Dec. — Coteaux et bois ; septembre , octobre.

CAMELINA

SATIVA. Crantz. — Au *Reyran* , dans les récoltes ; mai.

CAMPANULA

ERINUS. L. — Lieux pierreux , le long des chemins et sur
les murs ; mai.

MEDIUM. L. — Vallée du *Reyran* ; juin.

RAPUNCULOIDES. L. — Vallée du *Reyran* , *Valla-dé-la-
Cabro* , *Esterel* et *Malpey* ; juin.

RAPUNCULUS. L. — Partout ; mai , juin.

TRACHELIUM. L. — *Malpey* , au *Dré d'Escallo* ; juin, juil.

CAMPHOROSMA

MONSPELIACA. L. — Sur la côte de *St-Aigou* , à la *Garonnette* ; juin, juillet.

CAPPARIS

SPINOSA. L. — *Fréjus* , sur les murs antiques ; mai , juin.

CAPSELLA

BURSA-PASTORIS. Dec. — Vulgaire ; mars à octobre.

CARDAMINE

HIRSUTA. L. — Partout ; très-précoce.

CARDUNCELLUS

CÆRULEUS. Dec. — Le long du chemin de la ferme du
Baou à *Roquebrune* ; juin.

CARDUUS

ACANTHOIDES. L. — Lieux incultes , aux *Adrelhs* et à
Bagnols ; juin.

CRISPUS. L. — Dans les bois ; juin.

LEUCOGRAPHUS. L. — Le long des chemins et sur les coteaux ; mai , juin.

NIGRESCENS. Vill. — Terres cultivées, au *Puget*, aux *Blavets ;* juin.

TENUIFLORUS. Smith. — Commun ; mai , juin.

CAREX

CURTA. Good. — Au bord des champs, à la *Napoule :* mai , juin.

DISTANS. L. — Commun ; mai.

DISTICHA. Huds. — Au bord des fossés et des marais , *Villepey* , la *Napoule* ; mai.

DIVISA. Huds. — Prairies et pâturages ; mai.

DIVULSA. Good. — Au bord des ruisseaux ; mai.

EXTENSA. Good. — Pâturages maritimes, *Grand-Escars , Villepey ;* mai , juin.

FLAVA. L. — Lieux humides , *Esterel* , *Malpey* ; mai.

GLAUCA. L. — Commun ; avril , mai.

GYNOBASIS. Vill. — Le long des haies et dans la forêt de l'*Esterel* ; mai , juin.

GYNOMANE. Bert. — Le long du chemin , à *Bougnoun ;* mai.

HIRTA. L. — Au bord des eaux et dans les prairies ; juin.

MAXIMA. Scop. — Le long des fossés ; mai , juin.

MURICATA. L. — Forêt de l'*Esterel ;* mai , juin.

OVALIS. Good. — Le long de la grande route , à l'*Esterel ;* juin.

PALUDOSA. Good. — Commun ; mai , juin.

PALLESCENS. L. — *Esterel* , au *Caucadis ;* mai , juin.

PANICEA. L. — *Esterel* , au *Caucadis ;* mai , juin.

PROVINCIALIS. — Lois. flo. gal. II , p. 307. tab 31. — Au *Cougourdier ;* mai.

REMOTA. L. — Dans les bois , *Esterel* , la *Roquette* ; mai.

RIPARIA. Curt. — Endroits marécageux ; avril , mai.

SCHREBERI. Willd. — Commun ; avril , mai.

STELLULATA. Good. — Au bord des eaux , *Vallescure :* avril , mai.

STRICTA. Good. — Le long des garonnes , à *Fougasse* , à la *Palud de St-Raphaël* ; juin.

TOMENTOSA. L. — Lieux humides , parmi les cistes et les bruyères : mai.

VULPINA. L. — Au bord des fossés et des marécages ; mai.

CARLINA

CORYMBOSA. L. — Vulgaire ; juillet , août.

LANATA. L. — Le long de la grande route , à *Ste-Croix* , à la montée du *Pont-du-Béal ;* juillet , août.

VULGARIS. L. — *Esterel* , au *Caucalis ;* juillet.

CARUM

BULBOCASTANUM. Koch. — Au *Gondin* , *Esterel* ; mai.

CASTANEA

VULGARIS. Lam. — *Esterel* , *Cap-Roux* , *Colle-Rousse* , les *Cavalières* ; mai.

CATANANCHE

CÆRULEA. L. — Lieux arides , au *Muy* , à *Bagnols :* juin.

CAUCALIS

DAUCOIDES. L. — Au bord des champs ; mai , juin.

LEPTOPHYLLA. L. — Dans les vignes : mai , juin.

CAULINIA

OCEANICA. Dec. — Vulgaire : février , mars.

CELTIS

AUSTRALIS. L. — A la *Plate-Forme*, à la *Roquette* ; dans le *Malpey* , aux *Fabregouliers* : mars , avril.

CENTRANTHUS

CALCITRAPA. Dufr. — Lieux pierreux et le long des haies , mai.

LATIFOLIUS. Dufr. — Sur les murs de l'ancien bastion *St-Antoine* ; mai.

CENTAUREA

AMARA. L. — Prairies de l'*Esterel* et du *Haut-Reyran* ; juin.

ASPERA. L. — Au bord des champs ; juin , juillet.

CALCITRAPA. L. — Vulgaire ; tout l'été.

COLLINA. L. — Terres cultivées, à la *Plate-Forme* , au *May* ; juillet.

CRUPINA. L. — Vallée du *Gargalon* , gorges du *Malpey* : mai , juin.

CYANUS. L. — Dans les vignes et les moissons ; mai, juin.

JACEA. L. — Haies , bois et prairies ; tout l'été.

MACULOSA. Lam. — Sur les rochers dans le *Malpey* ; à la *Ste-Baume du Cap-Roux* ; juin.

MELITENSIS. L. — A *St-Raphaël* , à l'est de la fabrique de soude ; le long de la côte, aux *Galloches* ; juin.

PANICULATA. L. — Vulgaire ; tout l'été.

SALMANTICA. L. — Sur le mur de la porte de *Rénaude* ; juin , juillet.

SCABIOSA. L. — Terres cultivées, au *Gondin* , à *Bagnols* : juin.

SOLSTITIALIS. L. — Vulgaire : tout l'été.

CEPHALARIA

LEUCANTHA. Schrad. — Sur les murs du *Cirque*, à *Gondin* , à l'*Esterel* ; juillet à octobre.

CERASTIUM

ARVENSE. L. — Sur les coteaux, à *Bagnols*; mai.

BRACHYPETALUM. Desp. — Sur les graviers, au *Valla-dé-la-Cabro*; mai.

SEMIDECANDRUM. L. — Terres sablonneuses; avril, mai.

   var. pellucidum. — Sables maritimes; avril, mai.

VULGATUM. L. — Commun; avril, mai.

   var. glomeratum. Dec. — Commun; avril, mai.

VISCOSUM. L. — Terres sablonneuses: avril, mai.

CERASUS

CAPRONIANA. Dec. — Vallée du *Reyran*, *Vallescure*, *Vernède*, *Vaulongue*; avril.

CERATOCEPHALUS

CALCATUS. Pers. — Dans les récoltes, à *Gondin*, aux *Cauze*; avril.

CERATOPHYLLUM

SUBMERSUM. L. — Fossés aquatiques; juin.

CERINTHE

ASPERA. Roth. — Au bord des champs, *Villeneuve*, le *Capou*; avril, mai.

CETERACH

OFFICINARUM. C. Bauh. — Sur les murs et les rochers; toute l'année.

CHÆROPHYLLUM

TEMULUM. L. — Le long des haies, au *Reyran*; juin.

CHAMAGROSTIS

MINIMA. Wib. — Commun; mars, avril.

CHARA

CAPILLACEA. Thuil. — *Esterel*, à la *Fons-de-l'Avellan*; juin.

DELICATULA. Desv. — Dans une mare , au nord du *Puget* ;
juin.

FLEXILIS. L. — Dans les fossés , à *St-Pierre* ; dans la
Garonnette ; juin.

HISPIDA. L. — Dans les fossés , aux *Horts* , aux *Fangues* ; juin.

TRANSLUCENS. Pers. — Dans une mare , à la *Peguière* ;
juin.

VULGARIS. L. — Fossés et marécages : juin.

CHEIRANTHUS

CHEIRI. L. — Sur les vieux murs , à *Fréjus* , *St-Raphaël* :
très-précoce.

CHELIDONIUM

MAJUS. L. — Le long des murs , dans les jardins de la
Blanquerie ; avril , mai.

CHENOPODIUM

BONUS-HENRICUS. L. — Auprès des habitations champêtres , à *Bagnols* ; juin , juillet.

BOTRYS. L. — Terres sablonneuses , le long d'*Argens* ;
tout l'été.

GLAUCUM. L. — Terres cultivées ; août , septembre.

HYBRIDUM. L. — Terres cultivées ; août , septembre.

LEIOSPERMUM. Dec. — Le long des chemins et dans les
vignes ; août , septembre.

MARITIMUM. L. — *Grand-Escars* et *Villepey* ; août , sept.

MURALE. L. — Dans le *Cirque* , à l'*Estel* ; sept. , octob.

RUBRUM. L. — Auprès des habitations champêtres ; juillet.

URBICUM. L. — Le long des murs et dans les jardins :
tout l'été.

VULVARIA. L. — Abondant ; juillet à septembre.

CHIRONIA

Centaurium. Smith. — Vulgaire ; juin a août.

var. *pulchella*. Dec. — Dans les bois ; juin à août.

Maritima. Willd. — Sur la côte ; mai , juin.

Spicata. Willd. — Pâturages maritimes ; juin à septem.

CHLORA

Perfoliata. L. — Le long des fossés et dans les bois ; juin.

CHONDRILLA

Juncea. L. — Vulgaire ; juillet à septembre.

Muralis. L. — Au bord des eaux, *Esterel* , *Cap-Roux* ; juin , juillet.

CHRYSANTHEMUM

Corymbosum. L. — Dans les bois, *Esterel* , *Malpey* , *Bagnols* ; juin.

Leucanthemum. L. — Prairies : mai , juin.

Montanum. L. — *Esterel* , le long de la route ; juin.

Myconis. L. — Coteaux et terres sablonneux ; très-abondant ; mai , juin.

Segetum. L. — Dans les vignes : juin.

CICHORIUM

Divaricatum. Schousb. — Sur les coteaux , à *St-Raphael* ; juin à septembre.

Intybus. L. — Commun : juin a septembre.

CINERARIA

Maritima. L. — Rochers maritimes ; juin.

CIRSIUM

Acarna. Dec. — Lieux incultes, *Mautem* , *Puget* , *Esterel* , chemin des *Enfers* ; juillet.

Arvense. Lam. — Vulgaire ; juin.

FEROX. Dec. — Sur les coteaux , à *Bagnols* , juillet.

LANCEOLATUM. Scop. — Au bord des champs ; juin à Août.

MONSPESSULANUM. All. — Le long d'*Argens* et des fossés ; juin , juillet.

CISTUS

ALBIDUS. L. — Coteaux et bois ; avril , mai.

CRISPUS. L. — A *Belle-Vue* , à *Planduar* ; mai.

LADANIFERUS. L. — A la *Lieutenante* , la *Bouverie* , *Marchandise* et le long de la grande route de *Fréjus* à l'*Esterel* , au pas du *Bout-d'Adam* ; avril , mai : vulgairement appelé *Messugo Cervièro*.

LEDON. Lam. — Très-commun ; mai , juin.

SALVIFOLIUS. Lam. — Coteaux et bois ; avril , mai.

CLEMATIS

FLAMMULA. L. — Haies et buissons ; tout l'été.
var. maritima. Dec. — Sables maritimes ; tout l'été.

VITALBA. L. — Dans les haies ; tout l'été.

CLINOPODIUM

VULGARE. L. — Commun ; juin à août.

CLYPEOLA

JONTHLASPI. L. — Sables maritimes et sur les coteaux ; mars , avril.

COLCHICUM

AUTUMNALE. L. — Prairies ; automne.

CONDYLOCARPUS

OFFICINALIS. Koch. — Au bord des champs ; juin.

CONOPODIUM

DENUDATUM. Koch. — Dans les bois , *Esterel* , *Malpey* le long du vallon de la *Grande-Bague* , mai.

CONVOLVULUS

ALTHÆOIDES. L. — Le long de la côte , à la batterie des Lions , à *Aigue-Bonne* , *St-Aigou* et sur les hauteurs de *Villepey* ; mai , juin.

ARVENSIS. L. — Vulgaire ; juin.

CANTABRICA. L. — Coteaux arides ; juin.

SEPIUM. L. — Dans les haies ; juin , juillet.

    var. A angles de la corolle pourpres ; le long du canal des moulins du *Puget.*

SOLDANELLA. L. — Sables maritimes ; *St-Raphaël* , *Estel* , *Sclamandes* ; mai , juin.

CONYZA

SAXATILIS. L. — Sur les rochers , à *Colle-Rousse* et dans le *Malpey* ; juin.

SICULA. Willd. — Prairies et pâturages maritimes ; *Villeneuve* , la *Palud* , au *Capot* , au *Mas* et dans le *Cirque* ; septembre , octobre.

SORDIDA. L. — Sur les murs et les rochers ; juin.

SQUARROSA. L. — Le long des haies et sur les vieux murs ; juin.

CORIARIA

MARTIFOLIA. L. — Vallée du *Beyran* ; mai.

CORIS

MONSPELIENSIS. L. — Sur les coteaux , à *Bagnols* , au *Muy* ; mai , juin.

CORNUS

MAS. L. — *Haut-Beyran* , *Vaulongue* ; mars, avril.

SANGUINEA. L. — Dans les haies ; mai , juin.

CORONILLA

EMERUS. L. — Vallée du *Beyran* , avril.

MINIMA. **L.** — Coteaux ; mai , juin.

VARIA. **L.** — Lisières des bois , *Haut-Reyran* , *Esterel* ; juin.

CORRIGIOLA

LITTORALIS. **L.** — Le long de la côte ; juin.

TELEPHIIFOLIA. Pour. — *Collet-Redon* , hauteurs de *Villepey* ; juin.

CORYLUS

AVELLANA. **L.** — Haies et bois ; décembre , janvier.

CRATÆGUS

OXYACANTHA. **L.** — Haies et bois ; avril , mai.

CREPIS

BIENNIS. **L.** — Prairies , *Haut-Reyran* , *Bagnols* ; mai , juin.

DIFFUSA. Dec. — Terres sablonneuses et sur les coteaux ; mai , juin.

CRITHMUM

MARITIMUM. **L.** — Rochers maritimes ; septemb. , octob.

CROCUS

VERSICOLOR. Gawl. — Endroits incultes et dans les bois taillis , à *Bagnols* ; février , mars.

CROTON

TINCTORIUM. **L.** — Dans les chaumes , à *Sainte-Magdelaine* , à *St-Lambert :* juillet à septembre.

CRUCIANELLA

ANGUSTIFOLIA. **L.** — Coteaux ; juin.

MARITIMA. **L.** — Sables maritimes , aux *Cabanes* , aux *Sclamandes* ; juin.

CRYPSIS

ACULEATA. Lam. — Parmi les joncs et les tamaris, aux *Selamandes*, à *Villepey* ; août, septembre.

SCHŒNOIDES. Lam. — Le long des fossés, au *Mas*, à *Villeneuve*, dans le *Cirque* ; août, septembre.

CUCUBALUS

BACCIFERUS. L. — Haies du *Reyran* ; le long de la *Garonnette* ; tout l'été.

CUSCUTA

MAJOR. Bauh. — Sur la Luserne et l'Ortie ; juin.

MINOR. Bauh. — Sur le Thym et la Sarriette ; juin.

CYDONIA

VULGARIS. Pers. — Dans les haies ; mai.

CYNANCHUM

VINCETOXICUM. Brow. — Dans les bois ; mai, juin.

CYNODON

DACTYLON. Pers. — Vulgaire ; tout l'été.

CYNOGLOSSUM

CHEIRIFOLIUM. L. — Coteau de *Femme-Morte* ; mai.

PICTUM. Ait. — Au bord des champs ; mai.

CYNOSURUS

CRISTATUS. L. — Pâturages, à *Roquebrune*, à l'*Esterel* ; juin.

ECHINATUS. L. — Au bord des champs ; mai, juin.

ELEGANS. Desf. — Forêt de l'*Esterel*, au *Caucadis* ; mai, juin.

CYPERUS

FLAVESCENS. L. — Au bord des mares ; août, septemb.

ɤuscus. L. — Le long du *Petit-Argens* ; juillet, août.

ʟongus. L. — Vulgaire ; juin, juillet,

Monti. L. — Au *Cougourdier*, le long du *Petit-Argens* et dans l'ancien lit d'*Argens* ; septembre, octobre.

CYTINUS

Hypocistis. L. — Parasite sur les racines des cistes ; mai,

CYTISUS

Argenteus. L. — Coteaux de *Belle-Vue*, au *Gonilin*, à *Bagnols* ; mai, juin.

Sessilifolius. L. — Dans les bois, *Haut-Reyran*, *Esterel*, *Bagnols* ; avril.

Spinosus. Lam. — Très-abondant sur les coteaux et dans les bois ; mai.

Triflorus. L'Her. — Le long du *Reyran* et du *Reyranet* ; mars, avril.

DACTYLIS

Glomerata. L. — Prairies ; mai, juin.

   var. *Hispanica*. — Coteaux arides ; mai, juin.

DANTHONIA

Decumbens. Dec. — Lieux humides, le long de la route de l'*Esterel ;* juin.

DAPHNE

Gnidium. L. — Coteaux et bois ; juin à octobre.

DATURA

Stramonium. L. — Dans le *Cirque* et sur les graviers du *Reyran* ; juillet à septembre.

DAUCUS

Carota. L. — Vulgaire ; tout l'été.

Gummifer. Lam. — Rochers des *Lions*, au *Darmont*, à *Aurèle*, à *St-Aigou* ; juin.

DELPHINIUM

Ajacis. L. — Dans les vignes des sables maritimes ; mai, juin.

DIANTHUS

Armeria. L. — Lieux secs, sur les *Pauvadours* ; tout l'été.

Carthusianorum. L. — Dans les haies et les bois ; juil. à septembre.

Caryophyllus. L. — *Esterel, Malpey, Roquebrune* ; juin.
Prolifer. L. — Commun ; tout l'été.

DIGITALIS

Parviflora. Lam. — Lieux frais, *Esterel*, *Roquebrune* ; juin.

DIGITARIA

Filiformis. Koel. — Sables maritimes, à *Saint-Raphael* ; juillet, août.

Sanguinalis. Koel. — Vulgaire ; juillet, août.

DIOTIS

Candidissima. Dest. — Sables maritimes, à *St-Aigou* ; juillet.

DIPLOTAXIS

Erucoides. Dec. — Sous les oliviers, au *May*, à *Bagnols* ; printemps et automne.

Muralis. Dec. — Commun ; toute l'année.

Tenuifolia. Dec. — Au bord des champs ; automne.

DIPSACUS

SYLVESTRIS. Mill. — Au bord des champs ; juin, juillet.

DORYCNIUM

HIRSUTUM. Ser. — Le long des fossés, à *Roquebrune*, au *May* ; juin.

var. *incanum*. Ser. — Sur la côte ; juin.

PARVIFLORUM. Ser. — Coteaux de la *Gaillarde*, aux *Adrets de Breyoullier* ; mai, juin.

RECTUM. Ser. — Au bord des fossés et des marécages ; mai, juin.

SUFFRUTICOSUM. Vill. — Coteaux et bois ; mai, juin.

DRABA

MURALIS. L. — Le long des haies et dans les bois ; avril.

DREPANIA

AMBIGUA. Dec. — Lisières des bois, au *Colombier*, à *Vallescure*, au chemin des *Enfers* ; juillet.

BARBATA. Desf. — Coteaux ; mai, juin.

ECHINARIA

CAPITATA. Desf. — Coteaux arides, au *Petit-Gondin* ; juin.

ECHINOPHORA

SPINOSA. L. — Sables maritimes ; août, septembre.

ECHINOPS

RITRO. L. — Lieux incultes, au bord des champs ; juin, juillet.

ECHIUM

AUSTRALE. Lam. — Au bord des champs ; mai à juillet.

CALYCINUM. Viv. — Le long de la grande route, delà le *Riou* ; mars à mai.

PYRENAICUM. L. — Vulgaire ; juin , juillet.

VIOLACEUM. L. — Le long des champs ; juin.

VULGARE. L. — Coteaux cultivés ; mai , juin.

ELYCHRYSUM

STŒCHAS. Dec. — Coteaux et bois ; mai , juin.
  var. maritimum, foliis linearibus margine revolutis utrinque tomentoso-incanis , superioribus luteolis. — Sur les rochers maritimes ; mai , juin.

EPILOBIUM

HIRSUTUM. L. — Au bord des fossés ; juin , juillet.

MOLLE. Lam. — Lieux humides , à l'*Esterel* ; juin , juil.

PALUSTRE. L. — Fossés et marécages ; juin , juillet.

ROSMARINIFOLIUM. Hœnk. — Dans le vallon de l'*Apié-de-Nouestré-Seigné* ; juillet à septembre.

TETRAGONUM. L. — Terrains frais et le long des fossés ; juin , juillet.

EPIPACTIS

ENSIFOLIA. Sw. — Dans les bois ; avril.

LATIFOLIA. All. — Forêt de l'*Esterel* ; mai , juin.

OVATA. All. — Lieux humides , *Esterel* ; mai.

PALLENS. Sw. — Forêt de l'*Esterel* , au *Plan-Pinet* ; mai.

RUBRA. All. — Dans les bois ; mai.

EQUISETUM

ARVENSE. L. — Terres humides ; mars , avril.

FLUVIATILE. L. — Au bord des eaux ; avril.

MULTIFORME. Vauch. — Dans les champs et les haies : mai , juin.

PALUSTRE. L. — Fossés et marécages : mai.

ERICA

ARBOREA. L. — Coteaux et bois ; mars , avril.

SCOPARIA. L. — Coteaux et bois ; mai.

ERIGERON

ACRE. L. — Sur les coteaux et dans les bois ; juin , juil.

CANADENSE. L. — Terres cultivées ; août à octobre.

ERODIUM

BOTRYS. Bert. — Terres sablonneuses , à *St-Raphaël* , *Roquebrune* ; au *Puget* , le long du chemin de la *Lieutenante* ; avril , mai.

CICONIUM. L. — Au bord des champs ; mai.

CICUTARIUM. Léman. — Commun : offre plusieurs variétés ; mars à juin.

MALACHOIDES. Willd. — Au bord des champs , à *Sainte-Croix* , *St-Antoine* ; avril , mai.

MOSCHATUM. Willd. — Sur les pauvadours ; avril , mai.

MURCICUM. Willd. — Lois. flo. gal. II. 2. p. 88. — Autour du cirque ; le long du rempart, à l'*Esplanade* . peu commun ; mai à novembre.

ROMANUM. Willd. — Très-commun ; toute l'année.

EROPHILA

VULGARIS. Dec. — Partout ; très-précoce.

ERUCA

SATIVA. Lam. — Au bord des champs , à la *Vernède* ; mai.

ERVUM

ERVILIA. L. — Dans les vignes ; mai.

HIRSUTUM. L. — Terres incultes , à la *Plaucude* ; mai, juin.

LENS. L. — Dans les vignes ; mai.

MONANTHOS. L. — Coteaux de la *Vernède* ; dans les terres cultivées à *Ste-Magdelaine* ; mai.

TETRASPERMUM. L. — Dans les récoltes, à *St-Pierre* , à *Villeneuve* ; mai.

var. gracile. Ser. — Le long des haies et des buissons ; mai.

ERYNGIUM

CAMPESTRE. L. — Vulgaire ; juillet à septembre.

MARITIMUM. L. — Sables maritimes ; juillet à septembre.

ERYSIMUM

LANCEOLATUM. Dec. — A *Bagnol* , lieux incultes ; mai, juin.

EUPATORIUM

CANNABINUM. L. — Au bord des fossés , au *Capou* , au *May* ; juin , juillet.

EUPHORBIA

BIUMBELLATA. Poir. — Coteaux et bois , à *Gondin* , aux *Darboussières* , à *Mautems* , à *Roucivaux* , etc. ; mai, juin.

CANESCENS. L. — Lois. flo. gal. II. 1. p. 337. — Terres légères ; le long des murs et dans les jardins secs ; juillet.

CHAMÆSYCE. L. — Terres sablonneuses ; juillet.

CHARACIAS. L. — Coteaux et bois ; avril , mai.

CYPARISSIAS. L. -- Le long des champs ; avril , mai.

EXIGUA. L. — Vulgaire ; mai, juin.

var. retusa. — Sur les coteaux , à *St-Raphaël* ; mai, juin.

FALCATA. L. — Dans les vignes ; juin.

GERARDIANA. Jacq. — Aux *Blavets* et à *Bagnols* ; mai, juin.

HELIOSCOPIA. L. — Vulgaire ; mars à octobre.

LATHYRIS. L. — Dans quelques jardins, à la *Blanquerie*, à la *Porte-Dorée* ; juin.

NICÆENSIS. All. — *Haut-Reyran*, *Bagnols* ; mai, juin.

PARALIAS. L. — Sables maritimes ; juin.

PEPLIS. L. — Sables maritimes ; juin.

PEPLUS. L. — Lieux cultivés ; mars à octobre.

PITHYUSA. L. — Plage de la *Garonnette* ; juin.

PLATYPHYLLOS. L. — Aux *Fangues*, aux *Horts* ; tout l'été.

PORTLANDICA. L. — Sur les coteaux, à *St-Raphaël*, *St-Aigou* ; mai, juin.

PROVINCIALIS. Willd. — *E. affinis*. Dec. flo. fr. 5. p. 363. — Sables maritimes ; avril à juin.

PUBESCENS. Vahl. — Le long des fossés et des marécages ; juin.

ROTUNDIFOLIA. Lois. — Coteaux, sous les cistes ; février, mars.

SEGETALIS. L. — Terres cultivées ; mai, juin.

SERRATA. L. — Lieux incultes, le long des chemins ; mai, juin.

SPINOSA. L. — Coteaux ; mai, juin.

SYLVATICA. L. — Le long du *Reyran* et dans les bois ; mai, juin.

TAURINENSIS. All. — Lois. flo. gal. II. 1. p. 340. = A l'*Esterel*, sous les oliviers ; mai.

VERRUCOSA. L. — Coteaux du *Gondin* et à *Bagnols* ; mai, juin.

EUPHRASIA

LINIFOLIA. L. — Coteaux et bois ; septembre, octobre.

LUTEA. L. — A *Colle-Rousse* ; juin.

ODONTITES. L. — Prairies et pâturages ; juillet à octobre.

EVONYMUS

EUROPÆUS. L. — Dans les haies ; mai.

EXACUM

CANDOLLII. Bast. — Au bord des mares , sur les coteaux
de *St-Raphaël* ; juin.

FILIFORME. Willd. — Dans les mêmes lieux que l'espèce
précédente ; juin.

FÆNICULUM

OFFICINALE. All. — Commun ; tout l'été.

FERULA

COMMUNIS. L. — Sur les pauvadours , à la *Péado-dé-
Méry* ; mai.

FERULAGO

NODIFLORA. Koch. — Vallon de l'*Apié-dé-Nouestré-Seigné* ;
juin.

FESTUCA

CÆRULEA. Dec. — *Valla-dé-la-Cabro* , gorges du *Malpey* ; juillet , août.

CILIATA. Danth. — Terres sablonneuses ; mai , juin.

DURIUSCULA. L. — Le long des haies et dans les bois ; juin.

ELATIOR. L. — Au bord des champs et des prairies ; juin.

GLAUCA. Lam. — *Esterel* , *Malpey* ; le long de la côte ,
d'*Agay* à la *Napoule* ; mai , juin.

MARITIMA. Dec. — Sables maritimes , à la *Napoule* ;
mai , juin.

MYURUS. L. — Sables maritimes ; mai , juin.

OVINA. L. — Dans les bois ; mai , juin.

var. tenuifolia. — *Esterel* ; mai , juin.

SEROTINA. L. — Le long du vallon du *Saint-Esprit* ; automne.

SPADICEA. L. — *Esterel* , au *Plan-Pinet* ; juin.

STIPOIDES. Desf. — Prairies, à *Vallescure* , à la *Vernède* au *Reyran* ; avril, mai.

UNIGLUMIS. Ait. — Coteaux et sables maritimes ; mai.

FICARIA

RANUNCULOIDES. Mœnch. — Vulgaire ; précoce.

FICUS

CARICA. L.
  var. *sylvestris*. — Sur les vieux murs et dans les endroits pierreux.

FILAGO

PYGMÆA. L. — Sables maritimes , à la *Napoule* ; mai, juin.

FRAGARIA

VESCA. L. — Dans les bois ; avril, mai.

FRANKENIA

INTERMEDIA. Dec. — Rochers des *Lions* ; mai , juin.

FRAXINUS

EXCELSIOR. L. — Vulgaire ; mars , avril.

FUMARIA

CAPREOLATA. L. — Dans les vignes, les buissons et le long des haies ; mai.

MEDIA. Lois. — Le long des haies , à *St-Lambert* ; avril, mai.

OFFICINALIS. L. — Vulgaire ; mars à juillet.

PARVIFLORA. Lam. — Terres sablonneuses ; avril, mai.

SPICATA. L. — Dans les terres cultivées , en allant à *Ste-Maxime* ; mai.

GAGEA

VILLOSA. Dub. — Terres cultivées, à *St-Lambert* ; mars, avril.

GALACTITES

TOMENTOSA. Mœnch. — Le long des routes ; juin.

GALEOPSIS

LADANUM. Vill. — Lieux cultivés ; juin, juillet.

GALIUM

ANGLICUM. Huds. — Coteaux de *Vallescure* ; mai , juin.

APARINE. L. — Dans les buissons et les vignes ; mai.

CRUCIATA. Scop. — Le long des champs et des haies ; avril , mai.

DIVARICATUM. Lam. — Commun , sur les coteaux ; mai.

GLAUCUM. L. — Coteaux , à *Gondin* , à *Vallescure* , à *Villepey* ; juin.

LÆVE. Thuil. — Sur les rochers, *Malpey* ; mai , juin.

LITIGIOSUM. Dec. — Terres sablonneuses, au *Cougourdier* , à *Saint-Raphaël* ; mai.

MOLLUGO. L. — Lieux humides et le long des haies ; mai , juin.

MURALE. All. — Sables maritimes ; mai.

PALUSTRE. L. — Fossés et marécages ; mai , juin.

RUBRUM. L.

 var. pilosum. — Lieux pierreux , sur les murs du *Cirque*, *Esterel*, *Gondin*, chemin des *Enfers* ; tout l'été.

SACCHARATUM. All. — Dans les vignes ; avril , mai.

SPURIUM. L. — Le long des haies ; mai.

TRICORNE. With. — Terres cultivées ; avril , mai.

VERUM. L. — Commun ; avril , mai.

GASTRIDIUM

LENDIGERUM. Desf. — *Milium lendigerum*. L. — Terres et coteaux sablonneux ; juin.

MUTICUM. Spreng. — Lois. flo. gal. II. 1. p. 49. — Coteaux de *Mautems* ; à *St-Raphaël*, auprès de l'ancien moulin à vent ; juin.

GENISTA *

CANDICANS. L. — Lisières des bois, au *Reyran*, à *Vallescure* ; avril, mai.

HISPANICA. L. — Bois et bruyères ; mai.

PILOSA. L. — Coteaux et bois ; avril.

TINCTORIA. L. — Lieux humides, *Esterel*, *Bagnols ;* juin.

GERANIUM

COLUMBINUM. L. — Terres sablonneuses ; mai, juin.

DISSECTUM. L. — Champs cultivés ; mai, juin.

DIVARICATUM. Ehr. — Lois. flo. gal. II. 2. p. 91. — Au bas de la prairie de l'*Esterel ;* à la *Napoule*, le long du vallon de la *Grande-Raguc* ; mai, juin.

LUCIDUM. L. — Montagne de *Roquebrune* , dans les bois taillis ; mai, juin.

MOLLE. L. — Le long des haies ; mai, juin.

PUSILLUM. L. — Au bord des chemins ; mai, juin.

ROBERTIANUM. L. — Haies et bois ; mai, juin.

ROTUNDIFOLIUM. L. — Au bord des champs et sur les pauvadours ; mai, juin.

SANGUINEUM. L. — Dans les bois, les buissons et les haies ; mai, juin.

---

* G. PERREYMONDI. Lois. flo. gal. II. 2. p. 105. — *Haut-Thorenc* (arrondissement de Grasse), dans les pâturages, à l'ouest du château ; juillet.

GEUM

sylvaticum. Pour. — Forêt de l'*Esterel*; mai.

urbanum. L. — Le long des murs, à la *Plate-Forme*, à la *Lanterne*; juin.

GLADIOLUS

communis. L. — Dans les récoltes; mai, juin.

GLAUCIUM

flavum. Crantz. — Sables maritimes; tout l'été.

GLECHOMA

hederacea. L. — Haies du *Reyran;* avril, mai.

GLOBULARIA

alypum. L. — Coteaux et bois, *Planduar*, *Gondin*, *St-Raphaël*, *Esterel*; février, mars.

vulgaris. L. — Coteaux incultes; avril, mai.

GNAPHALIUM

gallicum. Lam. — Très-commun; juin, juillet.

germanicum. Lam. — Très-commun; juin, juillet.

luteo-album. L. — Lieux humides, *Grand-Escars*, *Estel*, *St-Raphaël;* tout l'été.

GRAMMITIS

leptophylla. Sw. — Le long des haies et contre les parois des fossés, *Vallescure*, *Gargalon*, *Vernède*, *Compassis;* mai, juin.

GRATIOLA

officinalis. L. — Au bord des mares, sur les coteaux de *St-Raphaël;* le long de la *Garonnette;* mai, juin.

GYPSOPHILA

saxifraga. L. — Sables maritimes; mai, juin.

HEDERA

Helix. L. — Commun ; septembre.

HEDYSARUM

spinosissimum. L. — Terres sablonneuses , à la *Gaillarde* : mai. Rare.

HELIANTHEMUM

apenninum. Dec.

   var. *hispidum*. Dun. Benth. Cat. 87. — *Roquebrune* , à *Broudescuro ;* juin.

fumana. Mill. — Sables maritimes ; mai , juin.

glutinosum. Dec. — Sables maritimes ; mai , juin.

guttatum. Mill. — Terres sablonneuses et coteaux ; mai.

lævipes. Willd. — Coteaux arides ; mai , juin.

penicillatum. Thib. — Lieux arides et pierreux , à *Bagnols ;* juin.

salicifolium. Pers. — Sables maritimes ; avril , mai.

tuberaria. Mill. — Bois et bruyères; mai , juin.

vulgare. Gærtn. — Lieux incultes ; mai , juin.

HELIOTROPIUM

Europæum. L. — Vulgaire ; tout l'été.

HELLEBORUS

Fætidus. L. — Lieux incultes , au pont de *Saint-Joseph ;* février

HELMINTHIA

echioides. Gærtn. — Vulgaire ; juin.

HELOSCIADIUM

nodiflorum. Koch. — Dans les fossés ; juin.

HEPATICA

TRILOBA. Dec. — A *Bagnols*, dans les bois ; mars , avril.

HERNIARIA

GLABRA. L. — Terres sablonneuses ; mai , juin.

HIRSUTA. L. — Vulgaire ; mai , juin.

   var. incana. — Sur les coteaux ; mai , juin.

HIERACIUM

AMPLEXICAULE. L. — Dans les fentes d'un rocher , vis-à-vis l'auberge de l'*Esterel* ; juin.

MURORUM. L. — Commun ; mai , juin.

PILOSELLA. L. — Coteaux et bois ; mai , juin.

PILOSELLOIDES. Vill. — *Vallescure* , *Bougnoun* , *Colle-Rousse* , *Esterel* ; juin.

SABAUDUM. L. — *Valla-dé-la-Cabro* ; *Esterel* , à la *Fons-de-l'Avellan* ; juillet.

HIPPOCREPIS

CILIATA. Willd. — Terres sablonneuses, au *Grand-Es-cars* ; mai. Pas commun.

COMOSA. L. — Coteaux incultes , à *Bagnols* ; mai.

MULTISILIQUOSA. L. — Champs cultivés, au *Colombier* , à *Gondin* ; mai.

UNISILIQUOSA. L. — Coteaux cultivés ; mai.

HOLCUS

ALEPPENSIS. L. — Dans les vignes ; tout l'été.

HOLOSTEUM

UMBELLATUM. L. — Terres cultivées, aux *Adrelhs* ; avril , mai.

HORDEUM

CRINITUM. Desf. — *H. jubatum. L.* — Lois. not. p. 26. — Coteaux arides , à *Gondin* , à *Saint-Raphaël* ; juin.

MARITIMUM. Vahl. — Pâturages maritimes ; juin.

MURINUM. L. — Vulgaire ; mai, juin.

SECALINUM. Schreb. — Aux *Gaudines ;* juin.

HUMULUS

LUPULUS. L. — Dans les haies ; juin.

HUTCHINSIA

PETRÆA. Brow. — Terres sablonneuses ; très-précoce.

HYDROCHARIS

MORSUS-RANÆ. L. — Dans les fossés , à *Fougasse* , au *Grand-Escars ;* juin.

HYOSCYAMUS

ALBUS. L. — Autour de *Fréjus* et sur les murs antiques ; mai , juin.

AUREUS. L. — Avec l'espèce précédente ; mai , juin.

NIGER. L. — Parmi les décombres , à la *Porte-Dorée* ; à la ferme de *Roucivaux ;* mai , juin.

HYOSERIS

CRETICA. L. — Vignes et coteaux ; mai.

HEDYPNOIS. L. — Au bord des champs et dans les vignes ; mai.

RADIATA. L. — Sur les rochers maritimes , à *Théoule ;* mai

HYPECOUM

PROCUMBENS. L. — Sables maritimes ; avril , mai.

HYPERICUM

LINEARIFOLIUM. Vahl. — Parmi les cistes et les bruyères ; mai.

MONTANUM. L. — Forêt de l'*Esterel* ; juin.

PERFORATUM. L. — Commun ; juin.

QUADRANGULUM. **L. — Lieux humides ; juin.**

REPENS. **L. — Lieux frais , coteaux du *Colombier* , de la *Laouvo* et de *St-Raphaël* ; à l'*Esterel* , au bas de la prairie ; mai , juin.**

TOMENTOSUM. **L. — A *Gondin* , à la *Bouverie* ; juin.**

HYPOCHÆRIS

BALBISII. Lois. **— Terres sablonneuses , au *Colombier* et à la *Laouvo* ; mai.**

GLABRA. **L. — Vulgaire ; mai.**

    var. minor , caule 1 - *florominimo.* **— Coteaux arides.**

MACULATA. **L. — Forêt de l'*Esterel* ; juin.**

RADICATA. **L. — Au bord des champs et dans les prairies ; juin à août.**

IBERIS

LINIFOLIA. **L. — Le long de la route de l'*Esterel* et dans le *Malpey* ; automne.**

PINNATA. Gou. **— Terres cultivées , au *Puget* , à *Roquebrune* , au *May* ; mai , juin.**

ILEX

AQUIFOLIUM. **L. — Dans les bois ; avril , mai.**

INULA

CRITHMOIDES. **L. — En allant de *Fréjus* à *Ste-Maxime* ; juillet.**

DYSENTERICA. **L. — Lieux humides ; juin à août.**

HIRTA. **L. — Parmi les cistes et les bruyères , à la *Lieutenante* ; juin.**

MONTANA. **L. — Coteaux pierreux , à *Bagnols* ; juin.**

ODORA. **L. — Bois et coteaux ; mai , juin.**

PULICARIA. **L.** — Dans le *Cirque*, à *Villeneuve*, à la *Palud* ; juillet à octobre.

SALICINA. **L.** — Dans les bois, aux *Adreths* ; juin, juillet.

SQUARROSA. **L.** — Dans les bois, à *Bagnols* ; juin, juillet.

VISCOSA. **Desf.** — Vulgaire ; automne.

IRIS

GERMANICA. **L.** — Lieux pierreux et sur les murs, au *Muy*, à *Bagnols* ; avril, mai.

PUMILA. **L.** — Coteaux ; mars.

PSEUDACORUS. **L.** — Fossés et marécages ; mai.

TUBEROSA. **L.** — Le long de *Vallescure* ; mars, avril. Rare.

ISATIS

TINCTORIA. **L.** — Sables maritimes ; terres cultivées, au *Muy*, à *Bagnols* ; mai.

ISNARDIA

PALUSTRIS. **L.** — Vallée d'*Agay* (Gerard, Fl. gal. Prov. ap. p. 585) ?

IXIA

BULBOCODIUM. **L.** — Pelouses, sables maritimes, prairies et pâturages ; février, mars.

JASIONE

MONTANA. **L.** — Coteaux et sables maritimes ; juin.

JASMINUM

FRUTICANS. **L.** — Dans les haies ; mai, juin.

JUGLANS

REGIA. **L.** — Vallée du *Reyran* ; avril.

JUNCUS

ACUTIFLORUS. Ehr. — Lieux humides ; juin.

ACUTUS. Lam. — *Grand-Escars*, *Villepey* ; juin, juillet.

BUFONIUS. L. — Commun ; mai, juin.

BULBOSUS. L. — Pâturages marécageux , au *Mas* , au *Capou* ; juin.

COMMUNIS. Meyer.

   var. conglomeratus. — Lieux humides , dans les bois ; juin.

   var. effusus. — Fossés et marécages ; juin.

ERICETORUM. Poll. — Parmi les cistes et les bruyères ; mai.

GLAUCUS. Sm. — Au bord des fossés ; juin.

LAMPOCARPUS. Ehr. — Lieux marécageux ; juin.

MARITIMUS. Lam. — *Grand-Escars* , *Villepey* ; juin , juil.

OBTUSIFLORUS. Ehr. — *Estel* , ancien lit d'*Argens* ; juin.

PYGMÆUS. Thuil. — Au bord des mares , à *St-Raphaël* , à la *Peguiero* , à *Maulems* ; mai , juin.

TENAGEYA. L. — Lieux humides et sablonneux ; juin.

JUNIPERUS

COMMUNIS. L. — Aux *Adrechs* , à *Bagnols* ; mars, avril.

OXYCEDRUS. L. — Commun ; mars , avril.

PHÆNICEA. L. — A *Plan-Gucinel* , à *Bagnols* ; mars , avril.

KENTROPHYLLUM

LANATUM. Dec. — Au bord des champs ; juillet , août.

KNAUTIA

ARVENSIS. Coult. — Au bord des champs ; mai , juin.

KOELERIA

CRISTATA. Pers. — Coteaux arides , à *Bagnols* ; juin.

PHLEOIDES. Pers. — Terres et coteaux sablonneux ; mai , juin.

VILLOSA. Pers. — Sables maritimes ; mai , juin.

LACTUCA

PERENNIS. L. — Montagne de *Roquebrune* ; juin.

SALIGNA. L. — Dans les vignes ; juillet, août.

SYLVESTRIS. L. — Au bord des champs ; juillet , août.

VIROSA. L. — Au bord des champs ; juillet , août.

LAGURUS

OVATUS. L. — Le long des chemins; mai , juin.

LAMIUM

ALBUM. L. — Le long des haies , au *Camp-de-l'Abbé* , au *Reyran* ; avril , mai.

AMPLEXICAULE. L. — Commun ; avril, mai.

HYBRIDUM. Vill. — Au bord des chemins , à la *Vernède* ; avril.

MACULATUM. L. — Haies et buissons ; mars , avril.

PURPUREUM. L. — Très-abondant ; mars, avril.

LAMPSANA

COMMUNIS. Lam. — *Gargalon* ; juin.

LAPPA

GLABRA. Lam. — Au bord des champs ; juin , juillet.

TOMENTOSA. Lam. — Au bord d'*Argens* ; juin , juillet.

LASERPITIUM

Gallicum. L. — Sur les rochers, à *Colle-Rousse*, à *Bagnols* ; juillet.

LATHYRUS

Angulatus. L. — Dans les moissons, sur les coteaux ; mai.

Annuus. L. — Dans les récoltes ; mai, juin.

Aphaca. L. — Dans les récoltes ; mai, juin.

Articulatus. L. — Coteaux du *Castellas* et de *Vallescure* ; mai, juin.

Bithynicus. Lam. — A *Villeneuve*, aux *Fangues* ; mai, juin.

Cicera. L. — Dans les vignes ; mai, juin.

Clymenum. L. — Coteaux de *Vallescure* ; mai, juin.

Hirsutus. L. — Au bord des champs et dans les récoltes, aux *Fangues* ; mai, juin.

Latifolius. L. — Dans les haies et les vignes ; juin, juillet.

Nissolia. L. — Au bord des champs, aux *Fangues*, à la *Palud-de-Saint-Raphaël* ; juin.

Ochrus. L. — Dans les vignes ; mai, juin.

Pratensis. L. — Le long des haies et des fossés ; mai, juin.

Sativus. L. — A *St-Antoine*, à *Fougasse* ; mai, juin.

Setifolius. L. — Sables maritimes, dans les récoltes ; mai, juin.

Sphæricus. Retz. — Coteaux et sables maritimes ; mai, juin.

Tuberosus. L. — Au bord des champs, à *Ste-Magdelaine*, aux *Gaudines* ; juin.

LAURUS

Nobilis. L. — *Vallescure*, *Pé-dé-Gaou*, vallon du *St-Esprit*, *Vaulongue*, la *Vernède* ; mars.

LAVANDULA

SPICA. Dec. — Sables maritimes ; sur les coteaux , à *Bagnols* , au *Muy ;* juin , juillet-

STÆCHAS. L. — Coteaux et bois ; avril , mai.

VERA. Dec. — Coteaux stériles ; à *Bagnols* ; juin , juillet.

LAVATERA

ARBOREA. L. — Sur les murs antiques , à *Fréjus* , et sur les rochers des *Lions ;* mai.

OLBIA. L. — En allant à *Ste-Maxime* ; dans le *Malpey* , aux *Fabregouliers ;* le long de la grande route , au *Riou* ; mai , juin.

PUNCTATA. All. — Terres cultivées , *Ste-Magdelaine* , *St-Lambert* , *Conillet* , *Bellevue* ; juin , juillet.

LEMNA

GIBBA. L. — Eaux stagnantes ; juin.

MINOR. L. — Eaux stagnantes ; juin.

LEONTODON

HISPIDUM. L. — Lieux arides , *Colle-Rousse* et *Bagnols* ; mai , juin.

LEPIDIUM

CAMPESTRE. Brow. — Champs incultes ; mai , juin.

DRABA. L. — Au bord des champs ; avril , mai.

HIRTUM. Smith. — Endroits incultes ; mai , juin.

IBERIS. L. — Le long des chemins ; juillet à octobre.

LATIFOLIUM. L. — Le long du canal du *Béal* et du chemin de la *Vernède* ; juin.

LEUZEA

CONIFERA. Dec. — Lieux pierreux , *Gondin* , *Roucivaux* ; juin.

LIGUSTRUM

VULGARE. L. — Dans les haies ; mai.

LIMODORUM

ABORTIVUM. Sw. — Dans les bois ; mai , juin.

LINARIA

ARVENSIS. Dec. — Coteaux cultivés ; avril à juin.

ELATINE. Desf. — Vulgaire ; juin à août.

MINOR. Desf. — Terres sablonneuses ; mai , juin.

PELISSERIANA. Dec. — Dans les récoltes, sur les coteaux ; mai.

RUBRIFOLIA. Dec. — Sur les murs du *Cirque* et de la porte de *Renaude* ; juin.

SIMPLEX. Dec. — Dans les moissons et les sables maritimes ; avril à juin.

SPURIA. Mill. — Vulgaire ; juin à août.

STRIATA. Dec. — A l'*Estel* , au *Muy* , à *Roquebrune* ; juin à août.

SUPINA. Desf. — Coteaux incultes du *Petit-Gondin* ; avril à juin.

LINUM

ANGUSTIFOLIUM. Huds. —Prairies et Pâturages ; mai , juin.

GALLICUM. L. — Coteaux et bois ; mai.

GLANDULOSUM. Mœnch. — A *Bagnols* ; mai , juin.

MARITIMUM. L. — *Grand-Escars* , *Villepey* ; juin à sept.

NARBONENSE. L. — A *Bagnols* ; mai , juin.

STRICTUM. L. — Lieux incultes ; mai , juin.

TENUIFOLIUM. L. — A *Roquebrune* , aux *Petignons* ; mai , juin.

USITATISSIMUM. L. — Champs cultivés ; mai.

LITHOSPERMUM

APULUM. Vahl. — Sur les coteaux, à la *Laouvo*, à *Saint-Raphaël*; mai, juin.

ARVENSE. L. — Commun; avril, mai.

OFFICINALE. L. — Vallée du *Reyran*; mai, juin.

PURPUREO-CÆRULEUM. L. — Haies et buissons; avril, mai.

LOBELIA

LAURENTIA. L. — Au bord des mares, sur les coteaux de *St-Raphaël*; dans le *Reyran*, entre les *Fangues* et le *Bouisset*; dans les lieux humides, à la *Bouverie* et à *Marchandise*; mai, juin.

LOLIUM

MULTIFLORUM. Lam. — Champs cultivés; mai, juin.

PERENNE. L. — Vulgaire; mai, juin.

TEMULENTUM. L. — Dans les moissons; mai, juin.

TENUE. L. — Au bord des chemins; mai, juin.

LONICERA

BALEARICA. Dec. — Bois et haies; mai, juin.

ETRUSCA. Santi. — Lieux pierreux, *Esterel*; mai, juin.

LOTUS

ANGUSTISSIMUS. L. — Lisières des bois, à *Vallescure*; mai, juin.

CONIMBRICENSIS. Brot. — Coteaux cultivés, à la *Garonnette*, *Bellevue*, *St-Raphaël*, aux *Caux*; mai.

var. glaberrimus, diffusus, foliolis obovatis, stipulis ovatis, floribus axillaribus solitariis brevissimè pedicellatis, leguminibus subcompressis subarcuatis. — *Lotus glaberrimus* Dec. cat. h. Monsp. p. 122. — Dec. prod. 11 p. 213 sp. 39. — Coteaux cultivés, à la *Garonnette*; croît pêle-mêle avec l'espèce précédente.

CORNICULATUS. L. — Commun; mai à septembre.

CYTISOIDES. L. — Rochers maritimes ; mai.

EDULIS. L. — Le long de la côte , à *Aigue-Bonne* , *Agay* , *Aurèle* ; mai.

HISPIDUS. Desf. — Parmi les cistes et les bruyères , à *Vallescure* ; mai , juin.

ORNITHOPODIOIDES. L. — Au bord des champs et dans les vignes ; mai.

LUPINUS

ANGUSTIFOLIUS. L. — Terres cultivées , au *Castellas* , à *Ste-Brigitte* ; avril , mai.

HIRSUTUS. L. — Terres cultivées , plage de la *Garon-nette* ; mai.

LUZULA

VERNALIS. Dec. — Dans les bois et les haies ; avril.

LYCHNIS

CORSICA. Lois. — Terres humides et sablonneuses , vallée d'*Agay* ; mai. *

DIOICA. L. — Commun ; mai , juin.

FLOS-CUCULI. L. — Prairies ; mai.

GITHAGO. Lam. — Dans les moissons ; mai , juin.

LYCIUM

EUROPÆUM. L. — Au pont des moulins de *Fréjus* , le long du chemin , à *Fougasse* et aux *Blavets* ; avril , mai.

LYCOPODIUM

DENTICULATUM. L. — Au pied des arbres et contre les rochers ; juin.

HELVETICUM. L. — Avec l'espèce précédente ; juin.

---

* Je l'ai aussi rencontré aux environs de *Cannes* , au cap de la *Croisette*.

LYCOPSIS

ARVENSIS. L. — Vulgaire ; mai , juin.

LYCOPUS

EUROPÆUS. L. — Vulgaire ; juin.

LYSIMACHIA

NUMMULARIA. L. — Lieux frais , à la *Garonnette* , au *Gour ;* juin.

VULGARIS. L. — Le long des fossés ; juin.

LYTHRUM

GRÆFFERI. Ten. — Le long de la route de *Fréjus* à l'*Esterel* ; juin.

HYSSOPIFOLIA. L. — Lieux humides et sablonneux , à *Gondin* ; juin.

NUMMULARIÆFOLIUM. Lois. Not. p. 74. — L. annuum , glaberrimum , caule distinctè quadrangulo , nunc subsimplici erecto , nunc oppositè ramoso adscendente infernè radicante ; foliis sessilibus , oblongo-obovatis , basi 5-7-nerviis , omnibus oppositis, rariùs subalternis ; novellis sœpiùs argutè serrulatis ; floribus solitariis , subsessilibus , dibracteatis , 6-rariùs-5-petalis , 6-rariùs-5-andris , bracteis subulatis calice dimidio brevioribus ; calice florentis obversè conico , fructificantis cylindraceo-oblongo , dentibus 12-10 subœqualibus brevibus acutis , exterioribus patulis reflexisve; petalis (purpureis , exsiccatione violaceis) minutis , brevissimè unguiculatis , ellipticis obovatisve ; staminibus inclusis ; capsula oblongo-ellipsoidea. — Gay in ann. sc. nat. mart. 1832. — Au bord des mares , sur les coteaux de *St-Raphaël* ; mai , juin.

SALICARIA. L. — Commun , juin , juillet.

THYMIFOLIA. L. — Lieux humides, *Estel* , *Sclamandes* , *Villepey* ; juin à septembre.

MALCOMIA

PARVIFLORA. Brow. — Sables maritimes ; mai.

MALVA

FASTIGIATA. Cav. — Le long des champs , à *Vaulongue* , à *Roquebrune* ; juin.

NICÆNSIS. All. — Au bord des chemins , à *Fréjus* , au *Puget* ; mai , juin.

ROTUNDIFOLIA. L. — Le long des chemins et autour des habitations champêtres ; mai , juin.

SYLVESTRIS. L. — Vulgaire ; mai , juin.

TOURNEFORTIANA. L. — Parmi les cistes , *Haut-Reyran* ; le long de la route des *Adrelhs* au *Bianson* ; mai , juin.

MARRUBIUM

VULGARE. L. — Commun ; juin , juillet.

MATHIOLA

INCANA. Brow. — Sur les murs antiques , à *Fréjus* ; avril , mai.

SINUATA. Brow. — Sables maritimes , à la *Napoule* ; mai.

MEDICAGO

APICULATA. Willd. — Terres sablonneuses et dans les moissons ; mai.

FALCATA. L. — Lieux incultes ; mai , juin.

GERARDI. Willd. — Au bord des champs et dans les vignes ; mai.

LAPPACEA. Lam. — Dans les moissons ; mai.

LITTORALIS. Rohde. — Sables maritimes ; avril , mai.

LUPULINA. L. — Vulgaire ; avril à juillet.

MACULATA. Willd. — Au bord des champs ; avril , mai.

MARINA. L. — Sables maritimes ; mai , juin.

MINIMA. Lam. — Terres sablonneuses ; mai.

MURICATA. All. — Dans les vignes , à la *Vernède* , à *Vallescure* ; mai.

ORBICULARIS. All. — Lieux cultivés ; mai.

PRÆCOX. Dec. — Coteaux arides , au *Colombier* , à *Belle-Vue* , aux *Évéques* , à *Malbousquet* ; avril.

SATIVA. L. — Vulgaire ; avril à octobre.

TEREBELLUM. Willd. — Dans les récoltes ; mai.

TRIBULOIDES. Lam. —Coteaux de *St-Raphaël* ; mai , juin.

MALAMPYRUM

ARVENSE. L. — Dans les moissons , à *Bagnols* ; juin.

MELICA

BAUHINI. All. — Sur les rochers , *Colle-Rousse* , *Esterel* , *Malpey* ; mai , juin.

CILIATA. L. — Sables maritimes ; mai , juin.

RAMOSA. Vill. — Haies et buissons ; mai , juin.

UNIFLORA. Retz. — Forêt de l'*Esterel* ; juin.

MELILOTUS

GRACILIS. Dec. — Sables maritimes , au *Mas ;* dans les vignes et sous les pins en allant à *St-Raphaël ;* mai , juin.

LEUCANTHA. Koch. — Sur les graviers , *Estel* , *Blavets* , *Reyran* ; juin , juillet.

OFFICINALIS. Willd. — Commun ; juin , juillet.

PARVIFLORA. Desf. — Dans les récoltes , à *Villeneuve* , à la *Gabelle* , aux *Évéques* ; mai , juin.

SULCATA. Desf. — Terres cultivées , le long du *Petit-Argens ;* mai , juin.

MELISSA

OFFICINALIS. L. — Le long des haies et dans les buissons ; juin.

MELITTIS

MELISSOPHYLLUM. L. — Forêt de l'*Esterel* , à *Bagnols* ; mai , juin.

MENTHA

ARVENSIS. L. — Dans les fossés , en allant à *Saint-Raphaël* ; septembre , octobre.

HIRSUTA. L. — Au bord des eaux ; juin , juillet.

PULEGIUM. L. — Lieux humides ; tout l'été.

ROTUNDIFOLIA. L. — Vulgaire ; tout l'été.

SYLVESTRIS. L. — *Esterel* , auprès des eaux ; juin , juillet.

MERCURIALIS

ANNUA. L. — Vulgaire ; avril à septembre.

var. ambigua. — Chemin des *Enfers* et sur les hauteurs des *Cavalières* ; avril , mai.

Je l'ai trouvée une année très-abondante le long du rempart de l'Esplanade, à Fréjus, où elle n'a plus reparu.

MESPILUS

GERMANICA. L. — *Haut-Reyran* ; mai.

MICROPUS

ERECTUS. L. — Coteaux et champs sablonneux ; mai , juin.

MILIUM

CÆRULESCENS. Desf. — Expositions chaudes , dans le *Malpey* ; en descendant de la *Sainte-Baume* à la *Figueirette* ; juin.

MULTIFLORUM. Cav. — Sur les murs , dans les haies et les buissons ; juin , juillet.

MOEHRINGIA

PENTANDRA. Gay in ann. sc. nat. mart. 1832. — M. annua, humilis, caule divaricato-ramosa; foliis ovato-oblongis, acutis, glabris, trinerviis, in petiolum ciliatum attenuatis; pedicellis pubescentibus; floribus apetalis, pentandris; sepalis ovato-lanceolatis , acutis, uninerviis , carinatis, ad carinam scabris ; capsula ellipsoidea , sex-

valvi , valvis apice revolutis ; seminibus elevato-
punctatis. — Parmi les pierres mouvantes , à la *Fons-
de-l'Avellan* et au *Caucadis* ; mai , juin.

J'indique seulement ces deux stations, quoique cette plante soit assez
répandue dans toute la chaine de l'*Esterel*.

MOENCHIA

OCTANDRA. Gay in litt. jun. 1831.—*Cerastium tenue.* Viv.
Flo. Cors. p. 7. — Lois. flo. gal. II p. 322. — Coteaux
sablonneux , aux *Evêques* , au *Castellas* , aux *Darboussières* , à *Planduar* ; avril.

Cette Cariophyllée, très-voisine du Sagine erecta L. , en diffère par sa
taille plus élevée et ses fleurs à huit étamines.

MOMORDICA

ELATERIUM. L. — Au bord des routes ; autour de *Fréjus ;*
mai , juin.

MONTIA

FONTANA. L. — Lieux humides , le long de la route de
l'*Esterel* ; juin.

MUSCARI

COMOSUM. Mill. —Dans les moissons et les vignes ; av., mai.
RACEMOSUM. Mill. — Dans les vignes ; avril.

MYOSOTIS

ANNUA. Mœnch. — Commun; avril , mai.
PUSILLA. Lois. — Coteaux , au *Colombier* , *Gondin* ,
Vallescure , *St-Raphaël ;* précoce.

MYRIOPHYLLUM

PECTINATUM. Dec. — Dans les mares , *Estel* , *Sclamandes ;*
juin , juillet.

SPICATUM. L. — Fossés et mares ; juin, juillet.

VERTICILLATUM. L. — Fossés et mares ; juin, juillet.

MYRTUS

COMMUNIS. L. — Haies et bois ; juin, juillet.

NARCISSUS

POETICUS. L. —Montagne de la *Suvièro* et au *Cap-Roux* ;
avril.

TAZETTA. L. —Prairies ; mars, avril.

NARDUS

ARISTATA. L. — Terres et coteaux sablonneux ; mai.

NASTURTIUM

AMPHIBIUM. Brow. — Lieux humides, à *Roquebrune*,
au *Muy ;* mai, juin.

OFFICINALE. Brow. — Ruisseaux ; mai.

SYLVESTRE. Brow. — Lieux humides, dans les jardins ;
mai, juin.

NEOTTIA

ÆSTIVALIS. Dec. — Endroits frais, vallon de *Mautems*,
à *Marchandise*, à la *Bouverie* ; juin.

SPIRALIS. Sw. — Sur les pauvadours ; septembre, octobre.

NERIUM

OLEANDER. L. — Vallon du *Saint-Esprit*, *Vallescure*,
Vernède, *Pé-dé-Gaou*, *Blavets*, *Bouverie*, etc. ;
tout l'été.

NESLIA

PANICULATA. Desv. — Champs sablonneux ; mai.

NIGELLA

Damascena. L. — Le long des haies ; mai.

NYMPHÆA

alba. L. — Garonne de *St-Raphaël* ; mai à juillet.

OENANTHE

fistulosa. L. — Fossés et marécages ; juin.
globulosa. L. — Le long des marais ; juin.
pimpinelloides. L. — Haies et bois ; juin, juillet.

OENOTHERA

biennis. L. — Le long d'*Argens* , aux *Sclamandes* ; juin.

OLEA

Europæa. L. — Lieux incultes , coteaux et bois ; juin.

ONOBRYCHIS

Caput-Galli. Lam. — Terres sablonneuses ; mai.
sativa. Lam. — *Estel* , *Bagnols* ; mai.

ONONIS

breviflora. DC. — Le long du petit *Argens* , aux *Fan
gues* ; mai , juin.
minutissima. L. — Coteaux et bois ; juin.
Natrix. L.
  var. *vexillo rubro striato*. — O. pinguis. L. — Sables
    maritimes ; mai , juin.
procurrens. Wallr. — Terres sablonneuses ; juin.
  var. *repens*. DC. — *Estel , Sclamandes* ; juin.
spinosa. Wallr. — Coteaux et vignes ; tout l'été.
  var. *glabra*. DC. — Mêmes localités ; tout l'été.
viscosa. L. — Au bord des champs ; mai , juin.

5

ONOPORDUM

ACANTHIUM. L. — Au bord des champs ; juin.

ILLYRICUM. L. — Sur les graviers à l'*Estel* ; à *Roque-brane*, au pont d'*Argens* et à *Palayon* ; juin.

OPHIOGLOSSUM

LUSITANICUM. L. — Sur les pelouses, en allant à *Plan-duar* ; décembre.

OPHRYS

APIFERA. Sm. — Sur les pelouses ; mai.

ARANIFERA. Sm. — Parmi les cistes et les bruyères ; avril, mai.

OPOPANAX

CHIRONIUM. Koch. — Au bord des champs, le long de la route de *St Raphaël* à *Agay* ; hauteurs de *Villepey* et à la *Gaillarde* ; juin.

ORCHIS

BIFOLIA. L. — Dans les bois, à *Bagnols* ; mai.

CORIOPHORA. L. — Parmi les cistes et les bruyères ; mai.

HIRCINA. Crantz. — A la *Roquette*, dans les bois taillis ; mai. Rare. *

MACULATA. L. — Prairies, *Esterel*, *Bagnols* ; mai, juin.

MILITARIS. L. — Bois de chênes, à *Bagnols* ; mai.

PALUSTRIS. Jacq. — Pâturages maritimes ; mai, juin.

PICTA. Lois. fl. gal. II. 2 p. 263. tab. 26. — Parmi les cistes et les bruyères, coteaux et bois, commun ; avril, mai.

LAXIFLORA. Lam. — Prairies ; avril, mai.

---

* Abonde sur le tertre de *St-Cassien*, près *Cannes*.

PROVINCIALIS. Balb. — Lisières des bois , *Esterel* , *Valla-dé-la-Cabro ; Napoule* , vallon de la *Grande-Rague ;* avril.

ROBERTIANA. Lois. — O. *long'bracteata.* Biv. — A *Plan-duar* , à la *Vernède* , à *Cabran ;* mars , avril.

SECUNDIFLORA. Bert. — Lisières des bois , *Vallescure* , *Valla-dé-la-Cabro* ; *Napoule* , *Maure-Vieille* ; avril.

VARIEGATA. Lam. — Parmi les cistes et les bruyères ; *Ver-nède* , *Planduar ;* mai.

ORIGANUM

VULGARE. L. — Commun ; juillet.

ORLAYA

GRANDIFLORA. Hoff. — Terres cultivées , à *Bagnols* ; juin.

MARITIMA. Koch. — Sables maritimes ; mai , juin.

PLATYCARPOS. Koch. — Dans les vignes ; mai , juin.

ORNITHOGALUM

NARBONENSE. L. — Coteaux et vignes , *Vallescure* , *Gon-din ;* mai.

UMBELLATUM. L. — Commun ; avril , mai.

ORNITHOPUS

COMPRESSUS. L. — Terres sablonneuses ; mai.

OROBANCHE

CÆRULEA. Vill. — Sables maritimes ; mai , juin.

CARYOPHYLLACEA. Smith. — Coteaux secs , *Vallescure* , *Vernède* ; mai , juin.

CONCOLOR. Dub. — De *Fréjus à Cannes ;* parasite sur la *Scabiosa Columbaria* , *Chœrophyllum sylvestre* , *Mentha arvensis.* (VAUCHER.)

FŒTIDA. Desf. — Coteaux de la *Vernède* et du *Gargalon ;* mai , juin.

MINOR. Sutt. — Terres sablonneuses ; mai , juin.

RAMOSA. L. — Dans les champs de chanvre ; mai, juin.

OROBUS

CANESCENS. L. — Dans les bois de chênes , à *Bagnols* ; mai , juin.

NIGER. L. — *Esterel* , au *Caucadis* ; juin.

TUBEROSUS. L. — Endroits frais , *Esterel* ; avril , mai.

OSMUNDA *

REGALIS. L. — Au bord des eaux , à l'*Esterel* , à la *Ste-Baume* , à la *Napoule* ;

OSYRIS

ALBA. L. — Le long des chemins et sur les vieux murs ; mai , juin.

OXALIS

CONICULATA. L. — Le long des champs et des haies ; mai, juin.

STRICTA. L. — Lieux cultivés ; mai , juin.

PALIURUS

ACULEATUS. Lam. — Commun : juin.

PANCRATIUM

MARITIMUM. L. — Sables maritimes . *Grand-Escars* , *Estel* , *Sclamandes* ; juin.

---

* OSTRYA VULGARIS. Wild. — Lois. fl. gal. n 2 p. 327. — Ermitage de *St-Arnoux* , montagne de *Courmette* et à Aiglun (arrondissement de *Grasse*) ; mai.

PANICUM

Crus-Galli. L. — Terres sablonneuses ; juillet, août.

claucum. L. — Pâturages, au *Cougourdier*, au *Grand-Escars* ; juillet.

verticillatum. L. — Commun ; juin, juillet.

viride. L. — Commun ; juin, juillet.

PAPAVER

Argemone. L. — Dans les récoltes ; mai.

dubium. L. — Hauteurs de *Villepey*, à *Toutaouro*; mai.

hybridum. L. — Dans les récoltes ; mai.

Rhæas. L. — Vulgaire ; mai, juin.

setigerum. DC. — Coteaux de *St-Raphael*, à *Aurèle*, à la *Gaillarde*, aux *Agasses* ; mai.

PARIETARIA

Judaïca. L. — Vulgaire ; toute l'année.

officinalis. L. — Vulgaire ; toute l'année.

PARONYCHIA

capitata. Lam. — Sur un petit espace inculte, à l'embranchement du chemin de *Belle-Vue* avec la grande route ; mai, juin.

cymosa. Lam. — Parmi les cistes et les bruyères, *Vallescure*, *Gondin*, *St-Raphaël* ; mai.

echinata. Lam. — Terres sablonneuses, le long de la côte ; mai.

PASSERINA

hirsuta. L. — A *St-Raphael*, sur la côte; toute l'année.

Thymelæa. DC. — Sur les coteaux calcaires, à *Bagnols* : mai, juin.

PASTINACA

SATIVA. L.

var. sylvestris. — Le long des haies ; juin.

PEPLIS

PORTULA. L. — Fossés et mares ; tout l'été.

PETROSELINUM

SATIVUM. Hoff. — Commun ; mai , juin.

PEUCEDANUM

CERVARIA. Lapey. — Esterel ; juillet , août.

OFFICINALE. L. — Dans les bois , au Puget , Esterel ,
Bagnols ; juillet.

PHALANGIUM

BICOLOR. DC. — Le long de la côte , d'Agay à Théoule ;
mai.

LILIAGO. Schreb. — Parmi les cistes et les bruyères ; mai.

PHALARIS

ARUNDINACEA. L. — Le long des fossés , à la Palud ; juin.

BULBOSA. L. — Au bord des champs , aux Gaudines , au
Bouisset ; mai , juin.

CANARIENSIS. L. — Dans les moissons , à la Plaine ; mai ,
juin.

CYLINDRICA. DC. — Fréjus. (DC. fl. franç. 6 p. 249).

PARADOXA. L. — Ancien port , au Capou , aux Gaudines ; mai , juin.

PHLEUM

PRATENSE. L. — Prairies et au bord des champs , mai , juin,
var. nodosum. — Lieux secs ; mai , juin.

PHLOMIS

Herba-venti. L. — Le long du *Bianson* ; juin.

PHILLYREA

Angustifolia. L. — Coteaux, haies et bois ; mars, avril.

Latifolia. Lam. — *Esterel* et *Malpey* ; mars, avril.

PHYSALIS

Alkekengi. L. — Dans les lieux ombragés et humides, à *Bagnols* ; mai ; juin.

PHYTOLACCA

Decandra. L. — *Fréjus*, autour de la ville ; juin, juillet.

PICRIDIUM

Albidum. DC. — *Esterel*, au *Caucadis* ; peu abondant, juin.

Vulgare. Desf. — Partout ; mai à septembre.

PICRIS

Hieracioides. L. — Au bord des champs et dans les vignes ; juin à août.

Pauciflora. Willd. — Coteaux, à *Gondin* ; juillet.

PIMPINELLA

Peregrina. L. — Sur les murs du *Cirque*, le long du chemin de *Ste-Brigitte*, au *Gargalon*, à la *Laouvo*, à *Roquebrune* ; juin.

Saxifraga. L. — *Ste-Baume* du cap *Roux* et dans le *Malpey* ; juin, juillet.

PINUS

Alepensis. Mill. — Le long de la côte et sur les coteaux ; avril, mai.

Maritima. Lam. — Constitue nos forêts ; avril, mai.

Pinea. L. — Au *Colombier*, à *Belle-Vue*, au *Puget* ; avril, mai.

PISTACIA

Lentiscus. L. — Haies et bois ; mai.
Terebinthus. L. — *Esterel , Malpey* ; mai.

PLANTAGO

Arenaria. Waldst. et Kit. — Terres sablonneuses ; juin.
Coronopus. L. — Très-commun ; tout l'été.
Cynops. L. — Lieux incultes , sur les coteaux ; juin.
Lagopus. L. — Terres sablonneuses ; avril , mai.
Lanceolata. L. — Prairies et pâturages ; mai , juin.
Major. L. — Vulgaire ; juin , juillet.
Media. L. — Endroits humides, *Haut-Reyran;* juin.
Pilosa. Pour. — Terres et coteaux sablonneux ; av. mai.
Psyllium. L. — Coteaux incultes, parmi les cistes ; avril.

PLUMBAGO

Europæa. L. — Au bord des chemins ; août, septemb.

POA

Annua. L. — Vulgaire ; toute l'année.
Aquatica. L. — *Palud de St-Raphaël* ; juin.
Bulbosa. L. — Au bord des champs ; avril , mai.
Compressa. L. — Dans les vignes ; juin.
Fluitans. Kœl. — Fossés et mares ; mai , juin.
Maritima. Huds. — Lieux humides , *Grand-Escars , St-Raphaël, Villepey;* tout l'été.
Megastachya. Kœl. — Terres sablonneuses ; juillet à sept.
Nemoralis. L. — Forêt de l'*Esterel;* juin.
Pilosa. L. — Sur les pelouses , en allant à *Planduar;* terres sablonneuses et coteaux de *Curo-B.asso* ; août à octobre.
Pratensis. L. — Prairies : avril à juin.
Rigida. L. — Lieux arides et sur les murs ; mai , juin.
Trivialis. L. — Prairies et pâturages ; avril à juin.

PODOSPERMUM

LACINIATUM. DC. — Au bord des champs et dans les vignes ; mai.

POLYCARPON

TETRAPHYLLUM. L. — Champs sablonneux ; mai , juin.

POLYCNEMUM

ARVENSE. L. — Vulgaire ; juin , juillet.

POLYGALA

VULGARIS. L. — Coteaux et bois ; mai , juin.

POLYGONUM

AMPHIBIUM. L. — Fossés et garonnes ; juin , juillet.

AVICULARE. L. — Vulgaire ; tout l'été.

CONVOLVULUS. L. — Champs sablonneux ; juin.

FLAGELLIFORME. Lois. Nouv. Not. 17. — Terres sablonneuses , à *St-Raphaël* ; juillet.

HYDROPIPER. L. — Fossés ; juillet à septembre.

INCANUM. Willd. — Terres inondées l'hiver , dans la
plaine ; juin , juillet.

MARITIMUM. L. — Sables maritimes : tout l'été.

PERSICARIA. L. — Fossés ; juin à septembre.

PULCHELLUM. Lois. Nouv. Not. 17. — Dans les chaumes ;
juillet , août.

ROBERTI. Lois. Nouv. Not. 17. — Au bord des marécages , *Grand-Escars* , *Estel* , *Villepey* : tout l'été.

VIRGATUM. Lois. Nouv. Not. 18. — Terres humides , au
Cougourdier : juillet.

POLYPODIUM

VULGARE. L. — Dans les bois , sur les rochers ; toute
l'année.

POLYPOGON

MARITIMUM. Willd. — Le long de la côte ; mai , juin.

MONSPELIENSE. Desf. — Lieux humides et au bord des fossés ; juin.

POLYSTICHUM

ACULEATUM. Roth. — Le long de la *Garonnette* et à la *St*-*Beaume* ; juin, juillet.

FILIX-MAS. DC. — *Esterel* , au *Caucadis :* juin , juillet.

POPULUS

ALBA. L. — Commun ; avril.

NIGRA. L. — Commun ; avril.

PORTULACA

OLERACEA. L. — Terres sablonneuses ; tout l'été.

POTAMOGETON

COMPRESSUM. L. — Dans les marais ; *Grand-Escars* , *Estel ;* juin.

CRISPUM. L. — Fossés , à *Villeneuve* ; mai , juin.

DENSUM. L. — Fossés et ruisseaux ; juin.

LUCENS. L. — A l'*Estel*, ancien lit d'*Argens ;* juin.

NATANS. L. — Avec l'espèce précédente ; juin.

PECTINATUM. L. — Canal du *Béal :* juin.

PERFOLIATUM. L. — Ancien lit d'*Argens* et dans le canal du *Béal :* juin.

PUSILLUM. L. — Canal du *Béal ;* juin.

POTENTILLA

FRAGARIA. Poir. — Forêt de l'*Esterel ;* avril.

HIRTA. L. — Coteaux arides; mai , juin.

RECTA. L. — *Goudin* , *Vallescure* , *Vernède* ; juin.

REPTANS. L. — Vulgaire ; mai à juillet.

TORMENTILLA. Nest. — Lieux humides, *Esterel*, *Mal-pey*, *Rouis* ; mai, juin.

VERNA. L. —Sur les coteaux, *Fréjus*, le *Muy*, *Bagnols* ; mars à mai.

POTERIUM

SANGUISORBA. L. — Vulgaire ; mai.

   var. puberulum. DC. — Dans les vignes ; mai.

PRENANTHES

BULBOSA. DC. — Chemin de *Ste-Magdelaine* et dans les sables maritimes ; mai.

PULCHRA. DC. — Terres schisteuses, à la *Laouvo* ; mai, juin.

VIMINEA. L. — Endroits pierreux, à *Bagnols* ; à *Roque-brune*, au chemin des *Enfers* ; juillet.

PRISMATOCARPUS

FALCATUS. Ten. —*Esterel*, sous les oliviers; *Roquebrune*, aux *Cavalières* ; mai, juin.

HYBRIDUS. L'Her. — Sables maritimes ; mai, juin.

SPECULUM. L'Her. — Dans les récoltes : mai, juin.

PRUNUS

SPINOSA. L. — Haies et buissons ; mars, avril.

PSORALEA

BITUMINOSA. L. — Lieux incultes ; juin, juillet.

PTEROTHECA

NEMAUSENSIS. Cass. — Vulgaire : avril.

PTERIS

AQUILINA. L. — Vulgaire : tout l'été.

PTYCHOTIS

HETEROPHYLLA. Koch. — Sur les coteaux cultivés, aux *Galloches*; juin, juillet.

PUNICA

GRANATUM. L. — Haies: juin, juillet.

PYRUS

AMYGDALIFORMIS. Vill.— Coteaux et bois; avril.

ARIA. Ehr. — Dans le *Malpey* et à *Bagnols*; mai.

COMMUNIS. L. — *Valla-dé-la-Cabro*; avril.

SORBUS. Gærtn. — Coteaux et bois; mai.

TORMINALIS. Ehr. — *Esterel*, aux *Baumettes*, à la *Fons-de-l'Avellan*, à la *Saviéro*; mai.

QUERCUS

ILEX. L. — Commun; avril.

PUBESCENS. Willd. — Collines; avril.

SESSILIFLORA. Smith. — Commun; avril.

SUBER. L. — Coteaux et bois; avril, mai.

RADIOLA

LINOIDES. Gmel. — Lieux humides, parmi les cistes et les bruyères; mai, juin.

RANUNCULUS

ACRIS. L. — Prairies; mai.

AQUATILIS. L. — Fossés et mares; avril.
  var. heterophyllus. DC.
  var. capillaceus. DC.

ARVENSIS. L. — Dans les récoltes; mai, juin.

BULBOSUS. L. — Le long des haies et dans les bois ; mai.

CHÆROPHYLLOS. L. — Sur les coteaux ; avril , mai.

MONSPELIACUS. L. — Au bord des champs et des haies , *Vallescure* , *Vernède* , *Reyran* ; avril , mai.

MURICATUS. L. — Endroits humides , dans les fossés , avril , mai.

OPHIOGLOSSIFOLIUS. Vill. — Fossés et mares , *Garon-nette* , *Tourache* , *Vallescure* ; mai.

PARVIFLORUS. L. — Terres sablonneuses humides , *Ver-nède* , *Esterel* ; mai.

PHILONOTIS. Retz. — Lieux inondés l'hiver ; mai.

REPENS. L. — Fossés et prairies ; avril , mai.

RAPHANUS

RAPHANISTRUM. L. — Vulgaire ; mai.

RAPISTRUM

RUGOSUM. Berg. — *Estel* , *Sclamandes* ; mai , juin.

RESEDA

LUTEA. L. — Commun ; mai.

LUTEOLA. L. — Vallée d'*Agay* ; mai.

PHYTEUMA. L. — Commun ; mai.

RHAGADIOLUS

EDULIS. Gærtn. — Le long des haies , *Vernède* , *Valles-cure* ; mai , juin.

STELLATUS. Gærtn. — Dans les vignes : mai , juin.

RHAMNUS

ALATERNUS. L. — Haies ; mars , avril.

FRANGULA. L. — A *Rouis* : mai , juin.

RHINANTHUS

GLABRA. Lam. — Dans les prairies sèches, à *Bagnols* ; mai, juin.

RHUS

COTINUS. L. — Forêt de l'*Esterel* ; mai.

ROEMERIA

HYBRIDA. DC. — Coteaux cultivés, aux *Agasses* ; mai.

ROSA

ARVENSIS. L. — Vallée du *Reyran* ; mai.

CANINA. L.

var. *glabra*. Desv.

var. *leucantha*. Dub.

var. *dumetorum*. Desv.

Ces variétés croissent dans les vallées du *Reyran*, de la *Vernède* et de *Vallescure* ; mai.

GALLICA. L. — *Belle-Vue*, *Vaulongue*, *Vallescure* ; mai.

SEMPERVIRENS. L. — Haies ; mai, juin.

ROSMARINUS

OFFICINALIS. L. — Coteaux de *St-Raphaël* ; toute l'année.

ROTTBOLLA

INCURVATA. L. — Lieux humides, *Estel*, *Sclamandes*, *Grand-Escars* ; mai, juin.

SUBULATA. Savi. — Le long des chemins, *Colombier*, *Planduar* ; mai, juin.

RUBIA

PEREGRINA. L. — Haies et bois ; juin.

RUBUS

CÆSIUS. L. — Au bord des champs et dans les chaumes ; juin, juillet.

FRUTICOSUS. L. — Vulgaire : mai , juin.

> var. *glandulosus*. Wallr. caulibus petiolis pedunculis-
> que glandulosis. — Ermitage de la *Ste-Beaume* ; juin.

TOMENTOSUS. Willd. — Coteaux ; mai , juin.

RUMEX

ACETOSA. L. — Chemin des *Enfers* ; mai , juin.

ACETOSELLA. L. — Champs sablonneux ; mai , juin.

ACUTUS. L. — Fossés et marécages ; juin.

AQUATICUS. L. — *Grand-Escars* ; juin.

BUCEPHALOPHORUS. L. — Coteaux et sables maritimes ; mai.

CRISPUS. L. — Endroits humides ; juin.

INTERMEDIUS. DC. — Coteaux arides , à *Bagnols* ; mai.

OBTUSIFOLIUS. L. — Lieux humides ; juin.

PULCHER. L. — Commun ; juin.

RUPPIA

MARITIMA. L. — Dans les marais , *Estel, Sclamandes* ;
juin , juillet.

RUSCUS

ACULEATUS. L. — Haies ; mai.

RUTA

ANGUSTIFOLIA. Pers. — Coteaux arides ; juin.

BRACTEOSA. DC. — *Fréjus* , sur les murs antiques ; mai.

MONTANA. Clus. — Le long du chemin de l'*Agachon* à la
Péado-dé-Méri : juillet.

SACCHARUM

CYLINDRICUM. Lam. — Terres sablonneuses , à la *Napoule* ;
juin.

RAVENNÆ. Mur. — Sables maritimes, à *St-Aigou* , le long
de l'*Etang* ; septembre.

SAGINA

APETALA. L. — Terres sablonneuses ; avril , mai.

PROCUMBENS. L. — Parmi les cistes et les bruyères ; avril , mai.

SALICORNIA

FRUTICOSA. L. — *Grand-Escars* , *Sclamandes* , *Villepey* ; juillet , août.

HERBACEA. L. — Avec l'espèce précédente ; juillet , août.

SALIX

ALBA. L. — Vulgaire ; avril.

CINEREA. L. — *Palud de St-Raphaël* , *Fougasse* , *Gorgovent* ; mars , avril.

INCANA. Schranck. — Le long des torrens , *Vernède* ; avril.

MONANDRA. Ard. — Rives du *Petit-Argens* ; avril.

TRIANDRA. L. — *Garonnette* ; avril.

VITELLINA. L. — Commun ; avril.

SALSOLA

KALI. L. — Sables maritimes ; juillet.

SALVIA

CLANDESTINA. L. — Le long des chemins et sur les pauvadours ; précoce.

OFFICINALIS. L. — Endroits pierreux ; mai , juin.

PRATENSIS. L. — Prairies du *Reyran* ; mai.

SCLAREA. L. — Au bord des chemins , *Roquebrune* , le *Muy* ; juillet.

VERBENACA. L. — Vulgaire ; avril , mai.

SAMBUCUS

EBULUS. L. — Au bord d'*Argens* : juin.

SAMOLUS

Valerandi. L. — Lieux humides ; juin.

SANICULA

Europæa. L. — *Estel*, au *Caucadis* : juin.

SAPONARIA

ocymoides. L. — Haies et buissons ; mai.
officinalis. L. — Vulgaire ; juin, juillet.
vaccaria. L. — Dans les récoltes, aux *Sables*, à *Roquebrune* ; mai, juin.

SATUREIA

hortensis. L. — Sur les graviers, *Haut-Reyran* ; juin, juillet.
montana. L. — Vulgaire ; juin, juillet.

SAXIFRAGA

granulata. L. — Vallée du *Gargalon* et à l'*Esterel* ; avril, mai.
hypnoides. L. — Montagne de *Roquebrune* ; mai.
tridactylites. L. — Sables maritimes ; avril.

SCABIOSA

columbaria. L. — *Esterel*, *Bagnols* ; juin, juillet.
maritima. L. — Au bord des champs ; juin, juillet.
stellata. L. — Coteaux cultivés, à *Gondin*, au *Puget* ; juin.
succisa. L. — *Esterel*, au *Caucadis*, à *Rouis* ; juillet, août.

SCANDIX

Pecten-Veneris. L. — Dans les récoltes ; avril, mai.

SCHŒNUS

MARISCUS. L. — Fossés et marécages ; juin.

MUCRONATUS. L. — Sables maritimes ; mai, juin.

NIGRICANS. L. — Bois et coteaux ; mai, juin.

SCILLA *

AUTUMNALIS. L. — Terres sablonneuses et sur les coteaux ; automne.

HYACINTHOIDES. L. — Dans les haies, à la *Lanterne*, au *Bouisset*, *Vallescure*, *Garonnette*, *Vernède* ; mai.

SCIRPUS

HOLOSCHŒNUS. L. — Commun ; juin.

   var. Romanus. — *Gargalon* ; juin.

LACUSTRIS. L. — Marais ; mai, juin.

MARITIMUS. L. — Fossés et marécages ; mai, juin.

MULTICAULIS. Sm. — *Malpey*, *Gorge-du-Pertuis* ; juin.

PALUSTRIS. L. — Vulgaire ; mai, juin.

TRIQUETER. L. — Au *Cougourdier* ; juillet.

SETACEUS. L. — Au bord des eaux ; juin.

SCLERANTHUS

ANNUUS. L. — Terres sablonneuses ; juin.

SCOLOPENDRIUM

OFFICINALE. Smith. — Le long des fossés, au *Muy* ; pas commun ; mai, juin.

SCOLYMUS

HISPANICUS. L. — Au bord des champs ; juillet, août.

---

* S. ITALICA. L. — Lois. fl. gal. II. 1. p. 246. — Dans le bois de hêtres, à Canaux (arrondissement de Grasse) ; mai.

SCORPIURUS

SUBVILLOSA. L. — Coteaux et vignes ; mai, juin.

SCROPHULARIA

AQUATICA. L. — Au bord des eaux ; mai, juin.

CANINA. L. — Sur les coteaux ; mai, juin.

PEREGRINA. L. — Le long des murs et des haies ; avril, mai.

RAMOSISSIMA. Lois. — Sables maritimes ; mai, juin.

SEDUM

ACRE. L. — Au bas de la montagne de *Roquebrune* ; juin.

ALBUM. L. — Endroits pierreux et sur les murs ; juin.

ALTISSIMUM. Lam. — Sur les murs et les rochers, à *St-Raphaël*, *Vallescure*, la *Laouvo* ; juin, juillet.

ANOPETALUM. DC. — Sur les murs et les rochers ; juin.

CEP EA. L. — Le long des haies et des fossés ; mai, juin.

CESPITOSUM. DC. — Lieux incultes sablonneux ; *Castellas*, *Gondin*, *St-Raphaël* ; avril.

DASYPHYLLUM. L. — Sur les murs ; juin.

RUBENS. L. — A *St-Raphaël*, terrains schisteux ; à l'*Esterel*, le long de la route ; juin.

STELLATUM. L. — Le long du chemin, à l'*Agachon* ; au bas des prairies, à l'*Esterel* ; juin.

TELEPHIUM. L. — Le long des haies, à la *Vernède* ; sur les rochers, dans le *Malpey*, au *Pertuis* ; juillet.

SENEBIERA

CORONOPUS. Poir. — Abonde dans la *Palud* : juin à août.

SENECIO

AQUATICUS. Huds. — Au bord des fossés ; juin.

CRASSIFOLIUS. Willd. — Sur les rochers des *Lions* ; avril, mai.

Doria. L. — Au bord des fossés , au *Muy ;* juin.

Jacobea. L. — Dans les vignes ; août.

lividus. L. — Le long de la côte et de la route de l'*Es-terel ;* expositions chaudes , dans le *Malpey ;* avril , mai.

squalidus. L. — Sables maritimes ; mai , juin.

vulgaris. L. — Abondant ; toute l'année.

SERAPIAS

cordigera. L. — Lieux humides sablonneux ; avril.

Lingua. L. — Parmi les cistes et les bruyères ; coteaux et bois ; avril.

SERIOLA

Æthnensis. L. — Champs sablonneux , *St-Raphaël* ; mai.

SERRATULA

tinctoria. L. — *Esterel* ; août, septembre.

SESELI

montanum. L. — Lieux pierreux , à *Colle-Rousse* , à *Ba-gnols ;* juin , juillet.

SHERARDIA

arvensis. L. — Vulgaire ; avril , mai.

SIDERITIS

Romana. L. — Coteaux et vignes ; mai, juin.

scordioides. L. — Coteaux pierreux ; juin.

SILENE

Anglica. L. — Vallon d'*Aigue-Bonne ;* mai.

Behen. L. — Assez souvent dans les récoltes de lin ; mai.

brachypotala. Rob. et Cast. — *Esplanade , Plaucude* et dans le *Cirque* ; mai , juin.

conica. L. — Sables maritimes ; mai.

GALLICA. L. — Le long de la côte; sur les rochers des *Lions*; mai, juin.

INAPERTA. L. — *Planduar*, la *Laouvo*, *Mautems*, *Curo-Beasso*; juin, juillet.

INFLATA. Smith. — Vulgaire; mai, juin.

ITALICA. DC. — Le long des haies; mai, juin.

  var. cana. Otth. — Sur les rochers, *Malpey*; mai, juin.

MUSEIPULA. L. —Dans les récoltes, à *Bagnols*; mai, juin.

NICÆNSIS. All.— *Silene arenaria*. Desf. — Lois. fl. gal. II. 1. p. 315. — Sables maritimes; mai, juin.

Les observations que j'ai faites sur la durée de cette espèce m'ont convaincu qu'elle est bisannuelle, lorsqu'elle croît dans les terres sablonneuses un peu compactes : je n'ai pas encore pu m'assurer si son existence se prolonge au-delà.

Notre plante, que M. Loiseleur a cru reconnaître pour le *S. arenaria* Desf. étant absolument identique avec les échantillons du *S. Nicœnsis* All. que j'ai récoltés à Cannes, et avec ceux que je possède de la Corse, de Toulon et de Nice, je la rapporte à cette espèce; d'autant plus que cette réunion a été opérée par Otth. in DC. prod. 1 p. 378.

NOCTURNA. L. — Sables maritimes; mai, juin.

NUTANS. L. — *Esterel*, à la *Fons-de-l'Avellan*; juin.

QUINQUEVULNERA. L. — Vulgaire; mai.

  var. cerastoides. — Sables maritimes; mai.

SILYBUM

MARIANUM. Gært. — A *Villeneuve* et le long d'*Argens*; mai, juin.

SINAPIS

ALBA. L. — A *St-Raphaël*, aux *Casaoux*; avril.

INCANA. L. — Vulgaire, au bord des champs; mai, juin.

NIGRA. L. — Le long du canal du *Béal*; mai, juin.

SISON

Amomum. L. — Le long des haies et des fossés, *Villeneuve,*
Estel, Sclamandes ; juin, juillet.

SISYMBRIUM

Columnæ. Jacq. — Aux *Sables* ; dans les terres cultivées,
à l'*Agachon* ; mai.

Irio. L. — Le long des murs ; mai.

obtusangulum. Schleich. — Terres cultivées, à la *Tou-*
rache, à l'*Estel* ; peu abondant ; mai.

officinale. Scop. — Vulgaire ; mai.

polyceratium. L. — Sur des décombres, à *Fougasse* ;
mai, juin.

Sophia. L. — Autour du village de *Bagnols* ; mai, juin.

SIUM

angustifolium. L. — Dans les fossés, à *Fougasse*, à *Vil-*
leneuve ; mai, juin.

SMILAX

aspera. Desf. — Dans les haies ; septembre, octobre.

SMYRNIUM

Olusatrum. L. — Commun, le long du canal du *Béal* ;
avril, mai.

SOLANUM

Dulcamara. L. — Haies et fossés ; mai à septembre.

nigrum. Willd. — Lieux cultivés ; juillet à septembre.

villosum. Lam. — Lieux cultivés ; juillet à septembre.

SOLIDAGO

graveolens. Lam. — Dans les chaumes et les jachères ;
automne.

Virga-aurea. L. — Dans les bois ; août à octobre.

SONCHUS

ARVENSIS. L. — Commun ; mai , juin.

OLERACEUS. L. — Lieux cultivés ; mai, juin.

MARITIMUS. L. — *Cougourdier* , *Grand-Escars* , *Estel* , *Sclamandes* ; mai , juin.

TENERRIMUS. L. — Sur les murs ; toute l'année.

SPARGANIUM

RAMOSUM. C. Bauh. —Fossés et marais ; juin.

SPARTIUM

JUNCEUM. L. — Très-commun ; juin.

SPERGULA

ARVENSIS. L. — Champs sablonneux ; avril à septembre.

PENTANDRA. L. — Avec la précédente ; avril, mai.

SPIRÆA

FILIPENDULA. L. — Forêt de l'*Esterel* ; juin.

STACHYS

ANNUA. L. — Dans les vignes , à la *Vernède* , à *Roque-brune* ; juin , juillet.

ARVENSIS. L. — Terres sablonneuses ; avril, mai.

GERMANICA. L. — Au bord des champs ; juin, juillet.

HERACLEA. All. — Coteaux incultes, à *Bagnols* ; juin, juillet ; peu abondant.

MARITIMA. L. — Sables maritimes ; mai , juin.

PALUSTRIS. L. —Lieux humides , le long des fossés ; juin, juillet.

SIDERITIS. Vill. — Lieux incultes ; mai , juin.

STÆHELINA

DUBIA. L. — Endroits arides, *Mautems* , *Petit-Gondin* , *Roucivaux* ; juin.

STATICE

ALLIACEA. Cav.? — Lois. fl. gal. II. I. p. 223. — Le long de la côte, *St-Aigou*, *Gaillarde*, *Cap-Lissandre*, *Cap-Roux* ; juin.

ECHIOIDES. L. — A *Aurèle* ; mai, juin.

LIMONIUM. L. — *Grand-Escars*, *Selamandes*, *Palud* ; juillet à octobre.

PLANTAGINEA. All. — Sur les coteaux et dans les prairies, à *Bagnols* ; mai, juin.

P .SCENS. DC. — Le long de la côte ; mai, juin.

...LLARIA

EDIA. Smith. — Vulgaire ; avril, mai.

STELLERA

PASSERINA. L. — Vulgaire ; juin, juillet.

STIPA

ARISTELLA. All. — Dans les bois ; mai, juin.

JUNCEA. L. —Endroits pierreux, *Esterel*, *Malpey* ; juin.

PENNATA. L. — Coteaux pierreux, à *Bagnols* ; juin.

SYMPHITUM

OFFICINALE. L. — Le long des murs, aux moulins de *Fréjus* ; mai.

TUBEROSUM. L. — Le long des haies et dans les plantations de roseaux ; avril, mai.

TAMARIX

AFRICANA. Poir. — Le long de la côte et des torrens ; mai.

Se distingue au premier aspect du T. Gallica, par l'abondance et la grosseur de ses épis et par ses rameaux moins flexibles.

GALLICA. L. — Très-abondant, dans la plaine ; mai.

TAMUS

communis. L. — Haies du *Reyran* ; mai, juin.

TARAXACUM

Dens-Leonis. Desf. — Prairies ; toute l'année.

obovatum. DC. — Lieux secs, au bord des chemins ;
le long de la route de l'*Esterel* ; avril, mai.

TEESDALIA

Lepidium. DC. — Lieux sablonneux, sur les coteaux ; avril.

TETRAGONOLOBUS

siliquosus. Roth. — Pâturages et prairies ; mai, juin.
var. maritimus. DC. —Pâturages maritimes ; mai, juin.

TEUCRIUM

Botrys. L. — Terres sablonneuses, *Gondin*, *Mautems* ;
en allant à *Bagnols* ; juin.

Chamædrys. L. — Coteaux et bois ; juin, juillet.

montanum. Schreb. — Coteaux et bois ; juin, juillet.

Polium. L. — Sables maritimes ; juin, juillet.

Scordium. L. — Le long des fossés et des marais ; juin.

Scorodonia. L. — Haies et bois ; juin.

THALICTRUM

nigricans. Jacq. — Le long des fossés, aux *Horts*, *Villeneuve*, le *Mas* ; mai.

THAPSIA

villosa. L. — Coteaux et bois, *St-Raphaël*, *Gondin*,
Esterel ; mai.

THELIGONIUM

Cynocrambe. L. — Sur un mur, à l'entrée de *Roquebrune* ; mai.

THESIUM

LINOPHYLLUM. L. — Coteaux incultes , à *Bagnols* ; juin.

THLASPI

ALLIACEUM. L. — Le long des prairies du *Reyran* ; avril , mai.

ARVENSE. L. — Auprès des habitations champêtres , *Gondin* , *Roucivaux* ; mai.

PERFOLIATUM. L. — Terres cultivées ; avril , mai.

THRINCIA

HIRTA. Roth. — Terres sablonneuses : mai , juin.

HISPIDA. Roth. — Coteaux pierreux , à *Bagnols* ; mai, juin.

TUBEROSA. DC. — Prairies et pauvadours ; automne.

THYMUS

ACYNOS. L. — Coteaux cultivés ; juin à août.

CALAMINTHA. Scop. — Dans les bois et le long du *Reyran* ; tout l'été.

NEPETA. Smith. — Vulgaire ; tout l'été.

SERPYLLUM. L. — Forêt de l'*Esterel* ; juin , juillet.

VULGARIS. L. — Abondant ; mai , juin.

TILIA

MICROPHYLLA. Vent. — Vallée du *Reyran* ; juin.

TILLÆA

MUSCOSA. L. — Endroits sablonneux , parmi les cistes ; précoce.

TORDYLIUM

MAXIMUM. L. — Au bord des champs et des haies ; juin , juillet.

TORILIS

ANTHRISCUS. Gmel. — Le long des champs ; juin.

INFESTA. Hoff. — Terres légères ; juin, juillet.

NODOSA. Gærtn. — Au bord des champs ; mai, juin.

TRAGOPOGON

MAJUS. Roth. — Dans les vignes ; mai, juin.

PORRIFOLIUM. L. — Vallée du *Gargalon* ; mai.

PRATENSE. L. — Prairies ; mai, juin.

TRAGUS

RACEMOSUS. L. — En allant à *St-Raphaël ;* à l'*Estel*, à
la *Laouvo* ; juillet, août.

TRIBULUS

TERRESTRIS. L. — Sables maritimes ; juin.

TRIFOLIUM

ANGUSTIFOLIUM. L. — Au bord des champs ; mai, juin.

ARVENSE. L. — Commun ; mai, juin.

BOCCONI. Savi. — Lieux sablonneux, *St-Raphaël*, *Gondin*, *Mautems* ; mai, juin.

CAMPESTRE. Schreb. — Commun ; mai, juin.

CHERLERI. L. — Lieux secs, le long des chemins et sur
les coteaux ; mai, juin.

FILIFORME. L. — Terres sablonneuses ; mai, juin.

FRAGIFERUM. L. — Commun ; tout l'été.

GLOMERATUM. L. — Coteaux cultivés et dans les vignes ;
mai, juin.

HYBRIDUM. L. — Lieux sablonneux ; à *Collet-Redon*, à
Roquebrune ; mai, juin.

INCARNATUM. L.

var Molinerii. DC. floribus albido-carneis, stipulis
vix sphacelatis. — *Esterel ;* mai, juin.

LAPPACEUM. L. — Dans les moissons ; mai , juin.

LIGUSTICUM. Balb. — Lieux humides, *Gondin*, *Mautems*, *Roucbaur*, *Bon-Vallon* ; mai , juin.

MARITIMUM. Huds. — Pâturages maritimes ; mai , juin.

MONTANUM. L.

    var. *fl. purpura-cente.* Lois. Not. p. 112. — *Fréjus.* (PERRET).

OCHROLEUCUM. L. — Dans les bois, *Esterel* ; juin.

PARISIENSE. DC. — Lieux humides , *Gondin* , *Lieute-nante* , *Bouverie* : juin.

PARVIFLORUM. Ehr. — Sur les pelouses humides , au bas de la montagne de *Roquebrune* , quartier de l'*Evesca* ; mai , juin.

PRATENSE. L. — Vulgaire ; mai , juin.

REPENS. L. — Commun : mai à octobre.

RESUPINATUM. L. — Lieux humides , au bord des champs ; juin.

RUBENS. L. — Forêt de l'*Esterel* ; juin.

SCABRUM. L. — Coteaux et vignes : mai , juin.

STELLATUM. L. — Le long des chemins ; mai , juin.

STRIATUM. L. — *Plaucade* , *Mautems* , *Esterel* ; mai , juin.

STRICTUM. L. — A la *Bouverie* et le long d'*Endres* ; juin.

SUBTERRANEUM. L. — Commun ; avril , mai.

SUFFOCATUM. L. — Sur l'*Esplanade* ; mai.

TOMENTOSUM. L. — Sur l'*Esplanade* et le long des routes ; mai , juin.

TRIGLOCHIN

MARITIMUM. L. — *Grand-Escars* : juin.

TRIGONELLA

MONSPELIACA. L. — Dans les terres sablonneuses ; mai.

PROSTRATA. DC. — Sables maritimes : avril , mai.

TRINIA

GLABERRIMA. Hoff. — Coteaux pierreux , à *Bagnols* ; juin.

TRITICUM

CILIATUM. DC. — Lieux incultes ; juin.

GLAUCUM. Desf. — Dans les haies et au bord des champs ;
juillet.

JUNCEUM. L. — Endroits sablonneux ; juin.

NARDUS. DC. — Coteaux , au *Colombier* , à *St-Raphaël;*
mai , juin.

PINNATUM. Mœnch. — Commun ; juin.

POA. DC. — Le long de la route de l'*Esterel ;* juin.

PUNGENS. Pers. — Terres sablonneuses ; juillet.

REPENS. L. — Vulgaire ; juin.

ROTTBOLLA. DC. — Sables maritimes , dans les récoltes ;
mai , juin.

SYLVATICUM. Mœnch. — Haies et bois ; juin.

TULIPA

CLUSIANA. DC. — Dans les vignes , à *St-Lambert ;* avril.

GALLICA. Lois. — Le long du *Reyran* et dans les terres
cultivées , à la *Tour-dé-Maro* ; avril.

TURGENIA

LATIFOLIA. Hoffm. — Dans les vignes , à l'*Agachon* , à la
Vernède ; mai , juin.

TUSSILAGO

FARFARA. L. — Rives du *Reyran ;* février , mars.

TYPHA

ANGUSTIFOLIA. L. — Marais et fossés ; mai , juin.

LATIFOLIA. L. — Marais et fossés ; mai , juin.

ULMUS

Campestris. L. — Vulgaire; mars.

UMBILICUS

Pendulinus. DC. — Sur les murs et le long des haies ;
mai , juin.

UROSPERMUM

Dalechampii. Desf. — Au bord des champs ; mai.

Picroides. Desf. —Au bord des champs et dans les vignes ,
à *St-Raphaël ;* mai.

URTICA

Dioica. L. — Le long des haies et des chemins ; mai , juin.

Membranacea. Poir. — Autour de *Fréjus* et dans les jardins ; avril.

Pilulifera. L. — Autour de *Fréjus ;* mai.

Urens. L. — Dans les jardins et le long des murs ; mai.

VAILLANTIA

Muralis. L. — A *Fréjus* , sur les murs antiques ; avril ,
mai.

VALERIANELLA

Coronata. DC. — Coteaux cultivés ; avril , mai.

   var. discoidea , cal. limbo irregulariter 7-12 lobo.
   DC. prod. 4 p. 628. — *V. discoidea.* Lois. Not. p.
   148. — Vulgaire ; avril , mai.

Dentata. DC. — Dans les moissons ; avril , mai.

Echinata. DC. — Abondamment ; avril , mai.

Mixta. Dufr. — Champs sablonneux ; avril , mai.

Olitoria. Mœnch. — Dans les moissons ; avril , mai.

Pumila. DC. — Dans les vignes , à *St-Lambert* , à la *Vernède ;* avril , mai.

VELEZIA

RIGIDA. L. — *Plaucude*, *Plaaduar*, *Gondin* ; mai, juin.

VERBASCUM

BLATTARIA. L. — Le long des chemins ; juin à août.

FLOCCOSUM. Waldst. et Kit. — Près le *Collet-Redon* ; le long des chemins, à *Roquebrune* ; mai, juin.

MAYALE. DC. — Sur les coteaux, *Colombier*, *Vallescure*, *Vernède* ; mai, juin.

PHLOMOIDES. L. — Lieux incultes ; mai, juin.

SINUATUM. L. — Vulgaire ; juillet.

THAPSUS. L. — Coteaux et lieux incultes ; juin.

VERBENA

OFFICINALIS. L. — Vulgaire ; tout l'été.

VERONICA

ACINIFOLIA. L. — Lieux humides ; avril, mai.

AGRESTIS. L. — Vulgaire ; mars à mai.

ANAGALLIS. L. — Dans les fossés ; mai, juin.

ARVENSIS. L. — Vulgaire ; avril.

BECCABUNGA. L. — Fossés, *Esterel*, *Roquebrune*, le *Muy* ; mai.

CHAMÆDRYS. L. — Le long des haies, à la *Napoule* ; mai.

CYMBALARIA. Bod. — Le long du chemin, au pont de *Notre-Dame* et à *St-Lambert* ; mars, avril.

HEDERÆFOLIA. L. — Abonde ; mars, avril.

OFFICINALIS. L. — Dans les bois ; mai.

PRÆCOX. All. — *Esterel* ; avril, mai.

SERPYLLIFOLIA. L. — Prairies du *Reyran* ; avril, mai.

TEUCRIUM. L. — A *Bagnols*, dans les bois de chênes ; mai, juin.

VIBURNUM

Tinus. L. — Forêt de l'*Esterel* ; février, mars.

VICIA

Atropurpurea. Desf. — Dans les moissons, au *Baou* et
le long de la route de *Ste-Maxime* ; mai , juin.

Cracca. L. — Forêt de l'*Esterel* ; juin.

Disperma. DC. — Coteaux de *Vallescure* et de *Gondin ;*
mai , juin.

Hybrida. L. — Au bord des chemins et des haies ; avril ,
mai.

Lathyroides. L. — Sous les cistes et les bruyères ; mars,
avril.

Lutea. L. — Coteaux , *St-Raphaël* , *Gondin* , *Vernède ;*
mai , juin.

  var. pallidiflora. Ser. — V. hirta. Balb. — Mêmes localités ; mai , juin.

Narbonensis. L. — Au bord des champs et le long de la
route de *Fréjus* à l'*Esterel ;* mai , juin.

Peregrina. L.—Coteaux et terres sablonneuses ; mai, juin.

Sativa. L. — Vulgaire ; mai.

  var. segetalis. Ser. — Dans les récoltes ; mai.

Villosa. Roth. fl. germ. 2 p. 182. V. toto villosa , caulibus tetragonis , cirrhis simpliciusculis , foliolis oblongis mucronulatis oppositis alternisve , stipulis semi-
  sagittato lanceolatis integris , pedunculis multifloris
  folii longitudine , floribus secundis laxiusculis , dentibus calycinis setaceis pilosis tubo longioribus , stylis
  apice villosis , leguminibus oblongis compressis glabris ,
  seminibus globosis variegatis. ⊙ — DC. prod. 2 p. 359.
  — Flor. purpureo-violacei. — Le long de la côte , à la
  Peguière ; juin. Rare.

VINCA

MAJOR. L. — Le long des haies ; février , mars.

MINOR. L. — Rives du *Reyran* ; février , mars.

VIOLA

CANINA. L. — Haies et bois ; avril , mai.

ODORATA. L. — Vulgaire ; janvier à mars.

MONTANA. L. — Bois et haies, *Esterel* , *Bagnols* ; avril ,
mai.

TRICOLOR. L.

   var. arvensis. DC. — Dans les récoltes ; mai.

VITEX

AGNUS-CASTUS. L. — Le long de la côte : juillet , août.

VITIS

VINIFERA. L. — Dans les haies ; mai.

XANTHIUM

SPINOSUM. L. — Autour de *Fréjus* ; juin.

STRUMARIUM. L. — Le long des chemins , dans la *Palud* ;
juin.

XERANTHEMUM

INAPERTUM. Willd. — *Haut-Gargalon* et à *Roucivaux*;
juillet.

ZACINTHA

VERRUCOSA. Gærtn. — Coteaux et vignes ; mai , juin.

ZANNICHELLIA

PALUSTRIS. L. — Dans les fossés, aux *Horts*, au *Mas*, à *Villeneuve* ; juin.

ZIZYPHUS

VULGARIS. L. — Sur les murs du *Cirque* et dans les endroits pierreux ; mai.

Additions et Corrections.

Pag. 8. **ARISTOLOCHIA** Pistolochia. — La station de cette espèce
appartient à l'A. rotunda, et *vice versâ*.

Pag. 10. **ASPLENIUM** lanceolatum. — Ajoutez à la station : à la
montagne de la *Suvièro*.

Pag. 13. **BROMUS.** — Ajoutez l'espèce suivante :
polystachys. DC. — Terres incultes, à *Fréjus*, au *Puget* ; mai , juin.

Pag. 14. **BUPLEVRUM.** — Ajoutez l'espèce suivante :
protractum. Link. — Terres cultivées , à *Conillet* ;
mai , juin.

Pag. 20. **CERASUS.** — Ajoutez l'espèce suivante :
Juliana. DC. — Vallées du *Reyran*, de la *Vernède* et
de *Vallescure* ; avril.

Pag. 20. **CETERACH.** — Ajoutez l'espèce suivante :
Marantæ. DC. — Le long du chemin , du château de
Rouas à *Endres* : mai 1833.

Pag. 22. **CHRYSANTHEMUM** montanum. — Remplacez cette espèce
par la suivante :
pallens. Gay in litt. 1832. — C. caulibus solitariis ge-
minisve, uni-rariùs bi-trifloris, glaberrimis vel sæpius
infernè hirsutis ; foliis glabris , radicalibus spathulatis
crenatis, caulinis linearibus semiamplexicaulibus grossè
serratis , inferioribus basi inciso-dentatis, superioribus
basi integerrimis ; involucri foliolis obovatis, margine
lato membranaceo albaque cinctis, ovariis in disco nudis,
in radio membranaceo-coronatis , corona ampla cyathi
formi , inciso-tri quadridentata , sinu astivo (disentæ
subtantæ) penta... exiso — Habitus omninò [illegible]
[illegible] le long de la route , juin

Pag. 36. **GALIUM.** — Ajoutez l'espèce suivante :

CINEREUM, All. ? — *Esterel*, dans les bois ; juin.

Pag. 44. **KNAUTIA.** — Ajoutez l'espèce suivante :

HYBRIDA, Coult. — Terres sablonneuses, aux *Évêques*, au *Puget*, à *Roquebrune* ; juin.

Pag. 73. **SANICULA** EUROPÆA. — Au lieu de *Estel*, lisez : *Esterel*.

Pag. 76. **SILENE** BRACHYPOTALA, lisez : BRACHYPETALA.

Pag. 87. ——— MUSEIPULA, lisez : MUSCIPULA.

www.ingramcontent.com/pod-product-compliance
Lightning Source LLC
LaVergne TN
LVHW012012180726
843502LV00005B/1667